原口秀昭——著
陳曄亭——譯

圖解建築結構入門

一次精通建築結構的
基本知識、原理和應用

前言

「結構的課程……。好無聊喔……」

這是筆者學生時代的事了。總在上結構課程時偷懶，或說幾乎是沒有去上課，老愛窩在製圖室快樂地做設計。考試前就靠影印同學的筆記，建築師考試前則是請結構所的學弟妹教我等等。東大建築系人才濟濟，不管是在學生時代或是現在，真的是受益良多。

筆者因為喜歡繪圖而選擇了建築，但是一直到畢業之後才發現，這不是一個只有繪圖的領域。再這樣下去是不行的，於是筆者買了許多不同技術領域的入門書來研讀，但是入門書和參考書的內容實在很少，特別是結構的入門書更是連入門的邊都摜不上。在入門書之後，開始研讀大學教授的著作，但書中瀰漫著一股「這種程度的東西你應該要懂，連這都不懂的話真是笨蛋！」的氣氛。結果只能看個無數遍，以自己的方式去理解內容，就像烏龜一樣慢慢去閱讀。

本書作為入門書與參考書，為了對初學者有所助益，可以鑲嵌在記憶中的角落，在內容上下了許多工夫。這裡的初學者是指筆者任教的女子大學學生，以及喜歡設計卻討厭結構的學生等。一開始是在部落格（http://plaza.rakuten.co.jp/mikao/）分享漫畫和相關解說，讓學生可以每天來閱讀。如此從部落格集結出版的書籍，這已經是第九本了，在韓國、臺灣、中國也都出版了翻譯本。透過書中性格鮮明的人物，對漫畫稍有自信的草食系男子，以及腳蹬高跟鞋的肉食系女子，來解說有關結構的知識。

如果劈頭就進入力學的範圍，沒有傳達結構的有趣性，就會落得跟筆者學生時代一樣的下場。因此本書會以結構為中心，先提及許多相關的歷史事例，再從中說明結構的重點。

若是說出「體重為 500 牛頓」、「1 平方公釐有 200 牛頓的力！」等的話，應該大部分的人都會覺得很無感吧。筆者認為若要以 SI 制（國際單位制）單位統一說明，體重也應該以 SI 制單位表示。在本書中，為了讓讀者對牛頓或重量等有實感，下了不少工夫。

「內力、應力是什麼？」，有時學生聽了好幾次還是不懂。由於這是結構中最重要的概念，在本書中將不厭其煩地一再出現。另外還有彈性模數 E、斷面二次矩 I 的意義及單位、$\sigma - \varepsilon$ 圖，以及令學生苦惱的莫爾圓、傾角變位法的基本公式等等，都會一再重複。與塑性鉸、挫屈、撓度、水平力等

有關的構架結構、地震荷重等都有數頁予以說明，另外也有考量建築師考試的對策等。反之，有關力學的計算及各種結構，則是礙於頁數的關係予以省略，有機會再跟大家分享。

各頁是以 Q&A 的形式，配合簡單的解說及圖解所構成。第一次請以 3 分鐘的頻率快速閱讀。像是莫爾圓或傾角變位法公式等較困難的地方，請跳過往下。只要重複閱讀數次，就會慢慢深植腦海。對結構束手無策，搞不清什麼是力矩、向量的讀者，強力推薦您連同拙作《漫畫結構力學入門》一起閱讀。

公式的推導或微積分的理論等，則在其他如《結構力學超級解法術》、《圖解建築的數學・物理教室》等作品中，有詳細的說明。土壤、RC、S 等的相關施工內容，是在同系列的《圖解建築施工入門》中說明；至於 RC 造、S 造、木造等的構法、設計等，請參考同系列的《圖解 RC 造建築入門》、《圖解 S 造建築入門》、《圖解木造建築入門》等。

有好幾次筆者都想把圖解丟到一邊（真的！），幸好身邊有支持了近十年，超級有耐性的彰國社編輯部的中神和彥先生，以及進行文章校正，指出內容不完善的地方，處理頁面構成等繁雜事務，同為編輯部的尾關惠小姐，還有其他教導我許多的專家學者們、專門書的作者們、部落格的讀者們，以及提出許多基本問題的學生們，再次獻上我衷心的感謝。如果沒有大家的幫忙，就沒有本書的誕生。真的非常謝謝大家。

2013 年 7 月

原口秀昭

目次　　　　　　　　CONTENTS

10 建築中的其他外力

11 結構計算

圖解建築
結構入門

Q 叉首、合掌是什麼？

▼

A 以長木材等組成三角形的一種結構方式。

將原木或木材以三角形方式相交而成叉首（＝合掌），為房屋的原始結構之一。直接靠在樹幹或岩壁邊，就能形成簡單的遮蔽所（shelter：遮風避雨的小屋）。棒狀木軸所能組成最單純、簡易的結構。

以木棒組成簡單的合掌狀

合掌！

原始的遮蔽所

變成流浪漢時可以使用

叉首
＝
合掌

• 日本的豎穴住居也是使用三角形的屋頂，立好柱之後，上方用木棒以斜向方式加以組立。或是挖洞製作牆壁，然後再架設屋頂的簡樸結構。施作牆壁，上方架設大型合掌組成的民宅、地板抬高的倉庫及神社等，屋頂都是以叉首的方式打造。

Q 如何避免山形叉首的兩端向外擴張？

▼

A 通常會將木棒埋進土裡，或是以繩索拉住根基。

 叉首上方若是堆置樹皮或土等的重量，會讓根基產生向外擴張的力量
（thrust：推力）。為了壓制這股力量，必須在內側有一向內拉的力量。
我們的祖先不是依據結構計算的結果，而是以試誤法領悟出這樣的結構
形式。

● 石材或磚材堆積而成的拱（arch）、拱頂（vault）、圓頂（dome）等，都深受向外
擴張的推力所苦，也因而衍伸出許多解決方法（參見R018）。細構材以三角形方
式組合而成桁架（truss），作為抵抗三角形開裂的構材，也是受拉力作用。

Q 剛支承、鉸支承、滾支承是什麼？

A 支撐結構物的支點種類中，有不能轉動或移動的剛支承，可轉動但不能移動的鉸支承，以及可轉動可移動的滾支承。

剛支承為 fix support，鉸支承為 pin or hinge support，滾支承則為 roller support。直接將柱埋入土中的形式是剛支承。但木材埋在土中容易腐爛，因此先鋪上石塊，再將柱立在石塊上就成為滾支承。為了不讓柱產生橫向移動，改以中央向下凹陷的石塊來固定柱的位置，形成鉸支承。

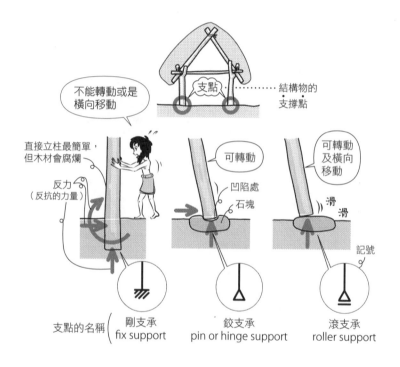

• 為了避免橫向移動，一般都是在石材和柱之間插入暗榫（dowel）。
• fix有固定的意思，避免玻璃開裂而進行固定、封死等的行為也可稱為fix。

Q 簡支梁是什麼？

▼

A 一邊支點為鉸支承，另一邊支點為滾支承的梁。

最簡單的梁形式，以平衡方程式（地面的支撐力與內部的作用力）就可求解，因此稱為簡支梁。如下圖，將樹木橫倒架設在河川上的獨木橋，就是一邊以樹根拉住，單邊無法橫向移動的簡支梁。

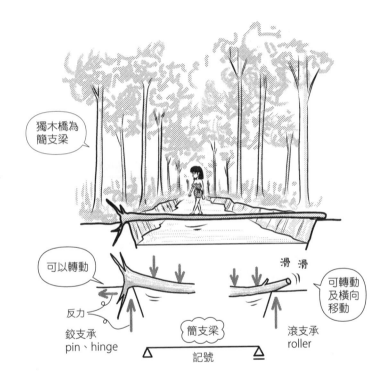

- 像是髮夾一樣的金屬製細棒稱為pin。鉸支承的pin是從樞軸的概念而來。
- 像蝴蝶的翅膀般開合作為門的鉸鏈，稱為hinge。鉸支承的hinge就是由此而來。如門的鉸鏈般轉動，不受轉動力量＝力矩的影響。
- roller則跟溜冰鞋（roller skate）一樣，附有輪子可以橫向移動，也有可以旋轉的支點。就算沒有輪子，可橫向移動者亦稱為roller。在橋的端部經常可以看到這種支承形式。

Q 鉸接、剛接是什麼？

▼

A 構材之間的接合點稱為節點，依接合種類分為可轉動的鉸接，以及不能轉動的剛接。

構材之間的接合點、關節點，稱為節點。如人類關節般可轉動者為鉸接，與鉸支承一樣稱為pin、hinge。完全不能轉動的節點則為剛接。

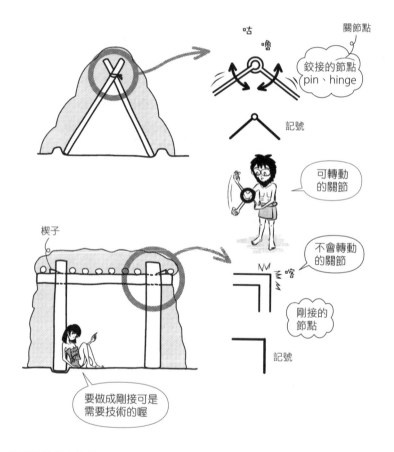

- 以繩索綑綁木棒所形成的節點可以轉動，因此為鉸接。在粗柱上開孔插入木棒，再打設楔子之後，就形成不能轉動的剛接。
- 支點是作為支撐的點，節點則為關節的點。不管是支點或節點，可動方向都是不受力量作用的，可轉動的鉸接，就不受其轉動方向的力＝力矩作用。轉動時接合部位會跟著旋轉，力無法傳遞過去。

Q 木造有剛接的嗎？

A 在大斷面的柱上插入橫向構材，並使用特殊接合形式，就能做出剛接。

在東大寺南大門（奈良，1199），其圓柱就有插入稱為貫的水平材，另外還有稱為插肘木的木材作為貫的支撐。在柱的頂部有大型梁，柱的中間則有許多以xy方向插入的水平材，每一個節點都是剛接，如此才能維持巨大結構物的穩定性。

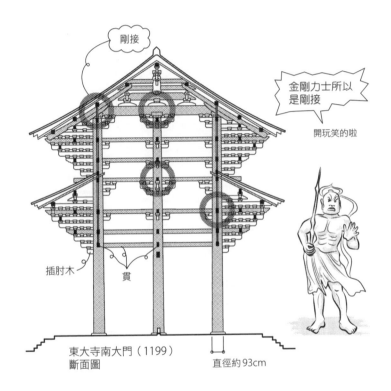

剛接

金剛力士所以
是剛接

開玩笑的啦

插肘木　　　貫

東大寺南大門（1199）
斷面圖

直徑約93cm

- 經過現場量測，柱下端的圓周直徑約為93cm。共有6根×3列＝18根（桁行為5間，梁間為2間）的巨型柱，排列成大型的木造結構物。〔譯註：桁行、梁間皆為日文名稱，桁行特指較長邊的跨距，梁間則是指一般跨距。「間」是指該跨距以下的空間，因此6根柱可以隔出5個空間〕

- 這種柱與橫材的組合方式，是俊乘坊重源（1121-1206）從中國引入，稱之為大佛樣或天竺樣。位於兵庫的淨土寺淨土堂（1192）也是同一種樣式，請務必前往參觀感受充滿生命力的內部結構體。

Q 長押有防止柱傾倒的功能嗎？

▼

A 若確實地設置粗木材，就可以達到防止效果。

 一開始的長押與柱是接近剛接的設置形式，有其結構上的意義，現在則是完全變成化妝材了。

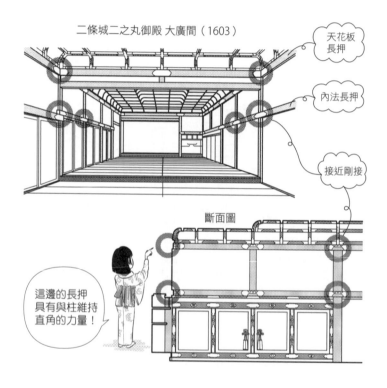

二條城二之丸御殿 大廣間（1603）

天花板長押

內法長押

接近剛接

斷面圖

這邊的長押具有與柱維持直角的力量！

- 作為書院造代表的二條城二之丸御殿（京都，1603），經過筆者實際測量，大廣間的柱約為26cm見方，黑書院的柱約為23cm見方，白書院則約為19cm見方。二條城的長押是頗有厚度的材料，設置在牆壁的中間與天花板下方等兩處。如今傳承自書院造的木造在來構法，柱大多是10cm見方，長押變成薄薄的化妝材。若是不能做出堅固的牆壁，柱很容易傾倒。
- 在1177年的平安時代末期，以京都、奈良為中心，發生了一場大地震，許多建物損壞。藤原定家的日記《明月記》中，記下了自宅的持佛堂倒塌理由為「沒有設置長押」（後藤治著，《日本建築史》，共立出版，2003，頁103）。因此在鎌倉時代，為了抵抗水平力，在長押和貫上面下了許多工夫。

Q 10cm 見方的木造柱可以做出剛接嗎？

▼

A 不可以。

10cm 見方的柱要與梁接合時，若僅是靠該接合部維持直角，柱會折斷。因此，書院造會以薄板的貫通過柱，加上編織竹片等做成牆壁，防止柱傾倒。現在則是會在牆壁中加入斜撐或合板，以牆壁來維持直角。

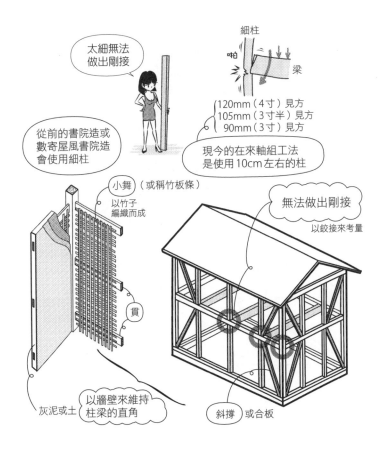

太細無法做出剛接

細柱

梁

120mm（4寸）見方
105mm（3寸半）見方
90mm（3寸）見方

從前的書院造或數寄屋風書院造會使用細柱

現今的在來軸組工法是使用 10cm 左右的柱

小舞（或稱竹板條）
以竹子編織而成

無法做出剛接
以鉸接來考量

貫

以牆壁來維持柱梁的直角

灰泥或土

斜撐 或合板

• 常聽到學生這麼問道：「木造柱為什麼不像 RC 造或 S 造的柱一樣，只要設置在房屋的四個角落就好，而是需要在牆壁之間設置好幾處呢？」答案是因為柱太細了。木造若是使用較粗的柱，加上在柱梁的接合部使用金屬構件，就可以做出剛接的結構。

Q 和式屋架、西式屋架是什麼？

▼

A 在梁的上方以短柱支撐屋頂的結構為和式屋架，以三角形軸組作為支撐
屋頂的結構則為西式屋架。

將書本半開做成山形的樣子，以短棒作為支撐的就是和式屋架，以線拉
住的就是西式屋架的原理。以三角形組合而成的結構體稱之為桁架，西
方從古至今皆是使用此種結構。

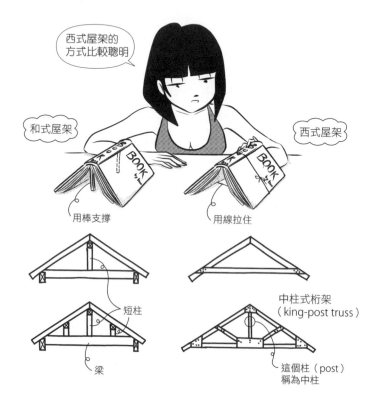

西式屋架的
方式比較聰明

和式屋架　　　　　　　　　　　　　　　西式屋架

用棒支撐　　　　　　　　用線拉住

中柱式桁架
（king-post truss）

短柱

這個柱（post）
稱為中柱

梁

●唐招提寺金堂（8世紀後半）的屋架組合，創建時是在梁中央的上方承載叉首，
元祿時期的修建改成和式屋架，屋頂的高度增加了2m左右。明治時期的修建又
變成中柱式桁架的西式屋架，之後平成時期則是在中柱式桁架的下方，以直交方
式加入桁架的梁。唐招提寺內有放置結構模型，請仔細端詳。還記得第一次看到
模型時，筆者被設有二段桁架這件事嚇了一大跳呢。平衡的屋頂瓦上有桁架！心
情好複雜啊。

Q 前述中柱式桁架的中央短柱，作用在中柱上的力量是壓力還是拉力？

▼

A 拉力。

桁架的特徵是各個構材承受來自軸方向的力。桁架的接合部（節點）以圓形（鉸接的記號）為標記，考量作用在此點上的力平衡，就可以得知各個構材的作用力方向及大小。

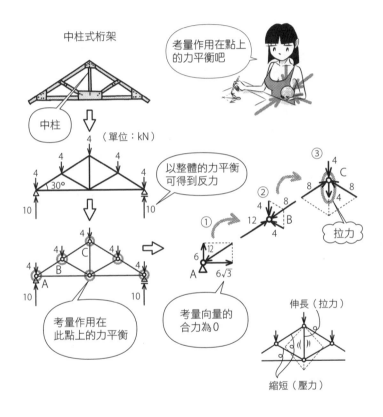

中柱式桁架

考量作用在點上的力平衡吧

中柱

（單位：kN）

以整體的力平衡可得到反力

拉力

考量作用在此點上的力平衡

考量向量的合力為0

伸長（拉力）

縮短（壓力）

- 描繪在桁架線材上的箭頭方向（向量），比較不容易看出是拉力還是壓力在作用，如果是考量作用在節點上的力，就會比較清楚了。
- 上述構材之間的接合部（節點）都是以可轉動的鉸接來表示，但實際上很難做出可轉動的接合部，大多數都是剛接的形式。實際測量作用在中柱上的力量時，有時也會出現不是拉力作用，而是壓力作用的情況，此時的結構形態就不是桁架，而是和式屋架或張弦梁（參見R027）。

Q 如何用彎曲的原木作為屋頂的梁？

A 以凸面向上的方式設置。

只除去樹皮部分的彎曲原木材難以作為二樓的樓板梁，但若是作為屋架梁（支撐屋頂組合的梁）使用，反而適得其所。梁要承受彎曲的力量，本身若是彎曲的話，就可以減弱該作用力。天花板內部若是向上彎折的抬高形式，彎曲的梁也不會妨礙天花板的設置，可說是相當方便。

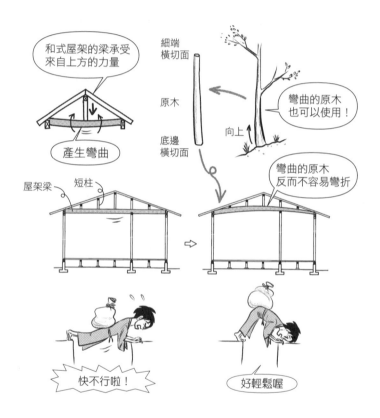

- 生長在山上的木材大多會呈現彎曲的狀態，根部也比較粗。較粗的根部稱為元口，較細的另一方則為末口，也可用以指稱該原木的直徑。現今的木造屋架組合幾乎都沒有使用原木材了，大多改用合成材做成直線型的梁。
- 神社、寺院所使用的原木柱、圓柱等，多是從大型木材切割出來的垂直圓柱，只把皮除去的原木材，可說是難得一見的上等木材。

Q 木造的弱點是什麼？

▼

A 可燃、易腐蝕、被蟲蝕等。

 東大寺大佛殿（金堂）在753年創建後，曾在1180年因戰爭燒毀，1190年重建後又因1567年的戰爭再度被火焰吞噬。現存者為1709年江戶時代重建的第三代建築。

東大寺大火！
兩次！

大佛也一起
燃燒殆盡

霹啪

木頭可燃、易腐蝕、被蟲蝕
（雖然又輕又堅固）

哇
太可惜啦！

這可是世界遺產…

- 如此巨大的殿堂曾遭受兩次祝融，除了了解到木造的脆弱之外，歷經三次重建，更能感受到建築相關人士的熱情。比起歐洲國家，日本古建築的殘留數量較少，大多就是因為木造的關係。由於打雷或戰爭等，大型的重要設施很容易燒毀。近來有許多大規模的結構為木造，也有人說木造為日本帶來相當具有獨特性的建築評價。木材的優點為輕巧且有一定的強度，但我們不可遺忘東大寺大火所帶來的教訓。
- 東大寺大佛殿的巨大圓柱其實不是一根完整的木材，而是由數根材料以鐵箍圍束而成。若是現場量測圓周直徑，根部大約有120cm。另一方面，南大門一根柱的直徑大約93cm。

Q 砌體結構是什麼？

▼

A 以石材、磚材、混凝土磚等堆砌而成的結構。

堆砌組合而成的結構都可稱為砌體結構。將石材以不易崩落的方式向上堆疊，再以原木架設屋頂，就是最原始的遮蔽所形式之一。架設二樓樓板時也是使用原木。若是沒有適合的原石，可以利用經過太陽曝曬或燒製而成的黏土磚等，進行結構堆砌。現今筆者旅行至部分乾燥區域時，都還常看見利用原木排列而成的天花板形式。

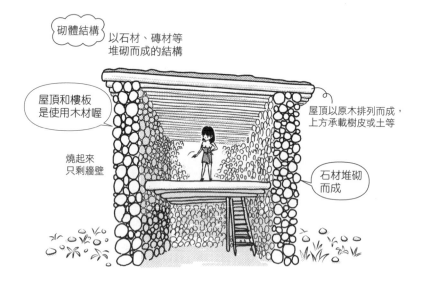

砌體結構　以石材、磚材等堆砌而成的結構

屋頂和樓板是使用木材喔

屋頂以原木排列而成，上方承載樹皮或土等

燒起來只剩牆壁

石材堆砌而成

- 最近筆者曾乘車經由阿姆斯特丹、布魯塞爾、拉昂（Laon）、蘭斯（Reims）到達巴黎。沿路上從車窗看到的農家建物，絕大部分都還是以磚材築牆，用木材組成屋頂和二樓樓板，令筆者相當訝異。在這片鮮少山脈，木材、石材不易取得的平坦土地，磚材是最便宜的材料。在這個區域，根本不會想到以木造的方式來建築牆壁。
- 磚材或石材的重量較重，若是要朝水平方向架設較長的結構，需要有打造拱、拱頂、圓頂等的高超技術。因此，許多建物是只有屋頂和樓板的木造形式。哥德式大教堂也一樣，天花板部分為石製拱頂，屋頂則是以木材架設而成。這樣的建物在戰爭中燒毀後，只剩下牆壁部分。也因此有許多只剩下牆壁的廢墟。

Q 石材之間要填充什麼才能保持安定？

▼

A 水泥砂漿（水泥＋砂＋水）。

以砂礫或土填充容易掉落或被沖刷，以水泥填充才能固定石材或磚材。

磚材大小通常以
單手大小為基準

作為接著劑
或填充劑
相當便利

水泥砂漿＝水泥＋砂＋水

沒有縫隙
不易崩壞

- 將與水反應就會硬固的水硬性水泥和砂混合製成的水泥砂漿，在五千年前的金字塔中也有它的蹤跡。從古代就是作為接著劑、填充劑來使用。若要讓石材緊密接合，需要高超技術，但是使用水泥砂漿填充就簡單多了。
- 水泥砂漿中加入礫石就成為混凝土，羅馬時代經常使用。當時會在兩側堆積磚材做成模板，再以混凝土填充縫隙，做成厚重的牆壁。至於在混凝土中加入鋼筋，應該是19世紀中葉之後的事了。

Q 施作石造的柱梁結構時會有什麼問題？

▼

A 需要較長的石材來製作梁。

柱可以使用切成圓片的石材重疊堆積起來，但梁可不能這樣，必須一根到底才行。梁結構不適合使用砌體結構，就是因為很難打造出水平梁的緣故。

水平和傾斜都很困難喔！

屋頂的架構為木造

一根梁

帕德嫩神廟

木製的栓

柱為重疊堆積而成

建築的起源？

- 砌體結構原本就是指堆疊做成牆壁的結構方式。希臘或埃及的神殿，都是以砌體結構形成的巨大柱梁結構，比木造柱梁結構的歷史更久遠。實際上，支撐帕德嫩神廟屋頂的斜撐材（椽木）即為木造，上方再鋪設薄的大理石屋瓦。
- 希臘神殿發展出的柱式（圓柱及其上下的形式），追溯起源就是木造的梁柱結構。歐洲無數古典主義建築（以希臘羅馬為模範的建築），其柱式就是砌石或砌磚而成，環繞成箱型牆壁的建築形式。
- 上方左圖為模仿洛吉耶（Marc-Antoine Laugier, 1713–69）所著的《建築論文》（*Essai sur l'Architecture*, 1755）中的扉頁圖解。作為建築起源的象徵，描繪出四根木材與上方的叉首（合掌）。古典主義原點的希臘神殿，就是以此作為屋架形式的原型。

Q 如何處理砌體結構牆壁上的門扇或窗戶的開口？

▼

A 在開口的上方放入過梁，或是架設拱。

過梁是指設置在開口部位上方的橫材，常以石材或堅固的木材製成，用以支撐來自上方的石材或磚材的重量。拱則是以圓弧狀的石材或磚材組成，各構材避開彎曲的力量，石材之間相互擠壓，將重量往橫向分散。

- 水平材的過梁承受重量時，會產生使之彎曲的力量。拱承受重量時，則是在各個石材之間產生擠壓的力量。就跟做伏地挺身一樣，身體為水平時，會感受到腰部有一股向下彎曲的力量。身體若為〈字型時，使腰部彎曲的力量就會減弱，反而需要往地面橫壓的力量。
- 木造中放入開口上方的橫材也稱為過梁，主要是作為安裝窗戶及外牆材料的構造，不像砌體結構的過梁有如此重要的功能。

Q 為什麼砌體結構的窗戶以縱長型為主？

▼

A 主要有兩個理由：①牆壁必須支撐整個建物的重量，因此要有一定的數量；②過梁或拱較長時，無法支撐來自上方的重量。

近代之前的歐洲窗戶幾乎都是以縱長為主，是因為牆壁為磚材堆砌而成的緣故。如果要在砌體結構的牆壁設置大型窗戶，必須往縱向發展。不管是古典主義或哥德式建築，窗戶的設計都是以縱長為主要形式。

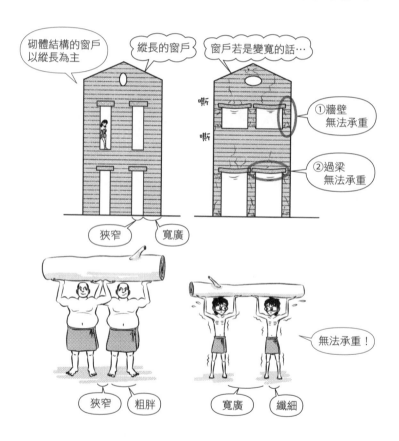

● 歐洲許多建物是以磚材堆砌成牆壁，表面再鋪設石材。只有部分是使用又大又重的石材堆砌而成，如教堂等需要耗費大量成本及勞力的建物。大約在19世紀後半，由於鋼骨造及RC造等的出現，才有橫向長窗或整面玻璃等的設置。柯比意在「新建築五點」中提出水平長條窗的概念（參見R050），也是因為此前的窗戶皆以縱長為主。

Q 如何抑制在拱的水平方向所產生的力？

▼

A 在拱的兩側設置厚重的牆壁，或是以金屬棒拉住。

 為了讓拱不要向外崩壞，需要從拱的兩側往中央壓制，或是從正中央拉住。拱為連續設置時，拱之間的左右壓力會互相平衡，所以只要最兩側的牆壁厚一點就可以了。歐洲各處都可看到以鐵棒拉住拱的設置形式。

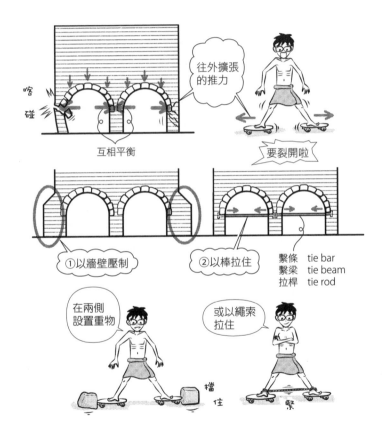

●往水平方向擴張的力稱為推力。防止擴張所設置的棒或梁稱之為繫條（tie bar：繫縮棒）、繫梁（tie beam：繫縮梁）、拉桿（tie rod：繫縮桿）等。

Q 羅馬時代後的拱頂如何變化？

▼

A 從羅馬的筒形拱頂（barrel vault），到羅馬式的交叉拱頂（groin vault），還有裝設肋的樣式。為了避免對角線變扁平，哥德式變成尖拱（pointed arch）。

由於拱承受水平力作用，羅馬及羅馬式有厚重的牆壁，哥德式的拱則設有抵抗水平力的扶壁（buttress），扶壁之間的空隙可以開放作為窗戶使用。另外也開發出拱狀的飛扶壁（flying buttress），可將力傳遞至扶壁。

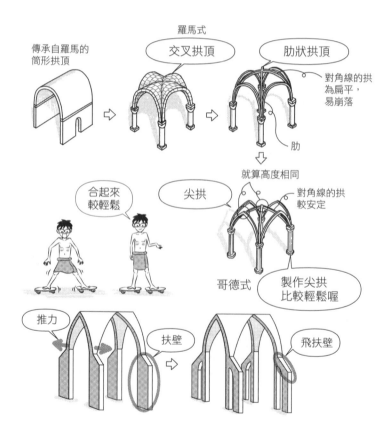

●Romanesque為「羅馬風」之意，到了羅馬時代後期，成為早期基督教建築的起源。Gothic一詞有著「像哥德人一樣野蠻」的意思，為羅馬式進化的樣式。

Q 為什麼圓頂周圍需要厚重的牆壁？

A 為了壓制讓圓頂開裂的推力。

拱連續設置就成為拱頂，旋轉則成圓頂。大量使用拱、拱頂、圓頂建造大空間的，正是古羅馬人。古羅馬的萬神殿（Pantheon，128），圓頂厚度越往下越厚，圓頂周圍都是厚重的牆壁。

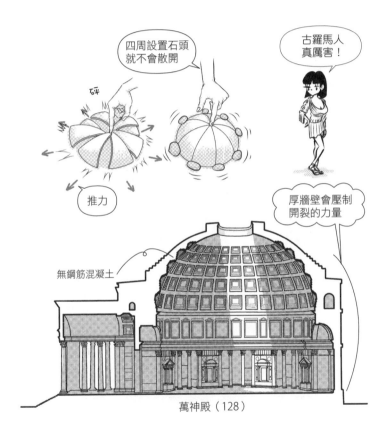

四周設置石頭就不會散開

古羅馬人真厲害！

推力

厚牆壁會壓制開裂的力量

無鋼筋混凝土

萬神殿（128）

● 以無鋼筋混凝土打造的萬神殿圓頂，絕大部分是被直徑43m的球所覆蓋，頂部有圓形的開孔。圓頂表面為花格鑲板（coffer，嵌板）打造的格天井。花格鑲板為階梯狀，以由內而外的凹陷方式雕刻，除了可以減輕圓頂面的重量，同時增強以半球面覆蓋整個空間的印象。

Q 為什麼有雙層的圓頂？

▼

A 1. 為了防止圓頂開裂，在雙層圓頂之間的空間可以加入防止開裂的拉力材、箍筋（hoop）等結構材。
2. 讓內外側有不同的視覺效果。

聖母百花大教堂（Cattedrale di Santa Maria del Fiore）的圓頂（1436）有肋、鎖及木環等，隱藏在雙層圓頂間的空隙。文藝復興之後，圓頂以雙層方式設置時，常在內側放入鋼或木鎖、木環等，避免圓頂向外擴張。

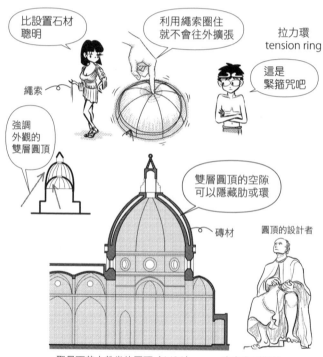

聖母百花大教堂的圓頂（1436）

布魯內列斯基
（Filippo Brunelleschi, 1377-1446）
文藝復興建築的先驅

● 萬神殿的圓頂無法從外部看到。文藝復興之後的圓頂，內側比其他圓頂往上突出許多，外觀也更引人注目。後期的巴洛克圓頂是以木材組成，塗上灰泥（stucco）後進行繪圖，或是運用混凝紙（papier-mâché，紙塑、紙造模）。

Q 懸垂曲線、懸垂拱是什麼？

▼

A 懸垂曲線（catenary curve）是指藉由線的自重懸垂而成的曲線，若是上下顛倒過來，就成為懸垂拱。

用雙手拿著珍珠項鍊，會自然形成懸垂曲線。取出其中一顆珍珠來看，作用在其上的重力會和線的拉力達到平衡。上下顛倒以拱的形式來考量的話，作用在每一個石材上的力量只有重力，以及相鄰石材之間的壓力。如此一來，便形成以壓力為主的拱結構。

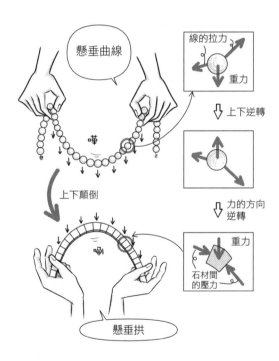

● 高第（Antoni Gaudí, 1852-1926）的奎爾教堂（Cripta de la Colònia Güell，1914）就是以懸垂拱打造，實驗式地設計了從天花板懸垂而下的大型模型（設置在地下禮拜堂，地面層沒能實現這項構想）。相較於哥德式的尖拱，懸垂拱或拋物線拱在結構上較安定。高第是近代著名建築師之一，也是砌體結構進化前的最後一位建築師。

Q 1. 在鋼索的長度方向，以等間隔懸掛相同重量會形成什麼曲線？
2. 在鋼索的水平方向，以等間隔懸掛相同重量會形成什麼曲線？

▼

A 1. 懸垂曲線。
2. 拋物線。

因鋼索自重而形成的曲線，就像珍珠項鍊一樣是自然懸垂而成，即為懸垂曲線。若像吊橋一樣是在水平方向承受均布荷重，則形成拋物線＝2次函數曲線。

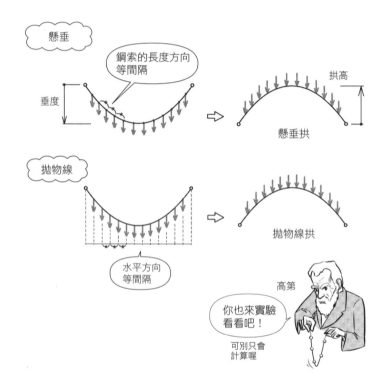

懸垂

鋼索的長度方向
等間隔

垂度

拱高

懸垂拱

拋物線

拋物線拱

水平方向
等間隔

高第

你也來實驗
看看吧！

可別只會
計算喔

● 懸垂曲線和拋物線的形狀很相近，不過懸垂曲線的斜度比較和緩。高第所設計的懸垂拱、拋物線拱，是將這些曲線上下顛倒而成。高第不斷實驗如何從天花板懸吊重物。

● 拱的高度稱為拱高（rise），鋼索的下垂長度為垂度（sag）。在相同荷重下，垂度越大拉力越小，垂度越小則拉力越大。

Q 什麼時候開始有鋼骨結構物？

▼

A 18世紀後半開始。

世上第一座鋼骨結構物是以鑄鐵組合而成的鐵橋（Ironbridge，1779，依地名亦稱為柯爾布魯德爾橋〔The Iron Bridge at Coalbrookdale〕），作為運輸製鐵廠生產的鐵礦石及煤炭等之用。歷經逾兩百三十年歲月依然屹立，並登錄為世界遺產。

世界第一座鋼骨結構物
鐵橋（1779）

用鑄型加入熔化的鐵
製成構材再組合而成

用便宜的磚材砌出
拱橋不就好了？

你的腦袋像磚材
一樣硬耶！

如果跨距太長
怎麼辦？

鐵橋所在地
柯爾布魯德爾

倫敦

- 讓我們回到文明發展的時代，談談鐵的歷史。以木炭熔化鐵礦石的高背爐具＝高爐，誕生於14世紀的德國萊茵河沿岸。18～19世紀，在工業革命興起地英國，使用煉焦煤（coking coal）來提升高爐的溫度，因而能夠大量生產鐵。
- 鐵橋是以鑄鐵打造。鑄鐵的熔點比鋼低，可以倒入模具中鑄造。鑄造而成的製品稱為鑄物（casting）。鑄鐵的英文為cast iron，cast為放入模具中製造，也就是鑄造的意思。

Q 吊橋的支柱位置，為什麼放在整體跨距1：2：1的地方比較好？

▼

A 這樣才可以讓支柱左右的重量達到平衡。

在河川的兩側設立支柱後，為了不讓支柱傾倒，必須從後方拉住。於河川中1：2：1的位置設立支柱，才能取得重量的平衡。由於必須在河水中進行支柱工程，要特別注意水流等問題。

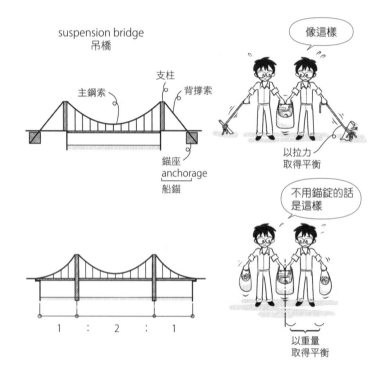

- 在地面設置用以拉住支柱的拉力鋼索：背撐索（backstay：後方支援材、支撐鋼索），用以埋設背撐索的混凝土重物：錨座（anchorage）。錨座即為錨定的場所，也是阿拉斯加首府安克拉治（Anchorage）的地名由來。
- 吊橋的起源相當古老，印度和中國以蔓草及籐打造吊橋，鎖鍊的設計也始於中國。19世紀後，出現在鐵板上以螺栓來連接的鎖鍊，19世紀後半轉變成高拉力鋼筋做的鋼索，20世紀就能打造出既長又大的吊橋了。請務必造訪布魯克林大橋（Brooklyn Bridge，紐約，1883）和金門大橋（Golden Gate Bridge，舊金山，1937）。

Q 斜張橋是什麼？

▼

A 從支柱拉出斜向鋼索作為支撐的橋。

由於是斜向拉撐，故稱斜張橋。建築中有從柱拉出支撐的屋頂形式，就是應用斜張橋的原理。

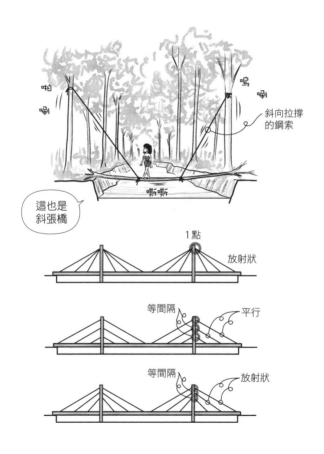

- 斜張橋出現於17世紀，但這種結構形式在20世紀後半才受到重視。近來日本的高速公路等也多是採用斜張橋的形式。
- 斜向拉撐的鋼索有許多種不同的設置方式。從1點開始的放射狀、等間隔的平行式或等間隔的放射狀等等。為了讓從主鋼索垂直懸吊的普通吊橋保持穩定，有時會追加斜向鋼索。布魯克林大橋便加入斜向鋼索。

Q 斜張橋可以不設置支柱,而以鋼索從橋下進行拉撐嗎?

A 可以。此時就會形成張弦橋。

在下方設置壓力短柱,從柱的下方進行懸吊的結構方式。支柱不要太長。這是以弦從下方支撐的張弦梁形式。利用細梁就可以達到與粗梁相同的效果,現代建築經常採用這種方式。

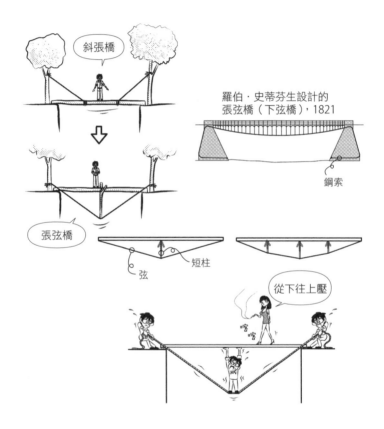

● 英國鐵道之父喬治·史蒂芬生(George Stephenson)之子羅伯·史蒂芬生(Robert Stephenson)為土木技術人員,約1821年設計出利用張弦梁打造的橋梁。這種橋梁形式亦稱下弦橋。20世紀後半開始,這種結構才真正應用於建築中。

※ 參考文獻:藤本盛久編,《結構物的技術史》(構造物の技術史,市ヶ谷出版社,2001)

Q 什麼時候開始將桁架利用於梁或橋的結構上？

▼

A 16世紀的文獻資料中已有木造的桁架橋、桁架梁的相關記載，進入19世紀後開始大量使用鋼骨桁架。

 帕拉底歐（Andrea Palladio, 1508–80）所著的《建築四書》（*Quattro Libri dell'Architettura*, 1570）中，第三書第七章描述了四種木造桁架橋，並記載了以木造桁架製作拱的圖面。此外，同著作第二書第十章收錄了埃及式大廳的斷面圖，其屋架組合為中柱式桁架。

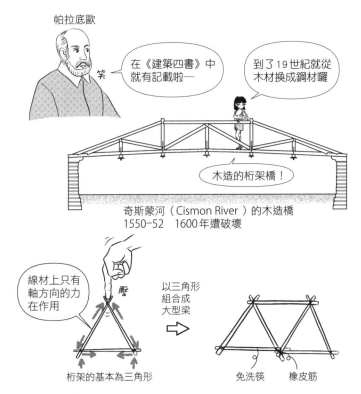

帕拉底歐

在《建築四書》中就有記載啦—　笑

到了19世紀就從木材換成鋼材囉

木造的桁架橋！

奇斯蒙河（Cismon River）的木造橋
1550–52　1600年遭破壞

線材上只有軸方向的力在作用

壓

以三角形組合成大型梁

桁架的基本為三角形

免洗筷　　橡皮筋

● 桁架是以只會產生軸力的線材組合而成的結構體。各節點以鉸接接合，即各線材都是以承受軸方向的壓力、拉力作用為前提。但實際上不可能有完美的鉸接接合，其他還有剪力作用，因此需要考量剪力的部分。

※參考文獻：桐敷真次郎編著，《帕拉底歐「建築四書」注解》（パラーディオ「建築四書」注解，中央公論美術出版，1986）

Q 有以懸臂梁打造的鐵橋嗎？

▼

A 福斯鐵路橋（Forth Railway Bridge）就是以懸臂梁（cantilever）打造的巨大鐵橋。

建造在福斯河上的福斯鐵路橋（愛丁堡近郊，1890，貝克〔Benjamin Baker〕、富勞爾〔John Fowler〕等設計），是全長約1600m、高約100m的巨大鐵橋。

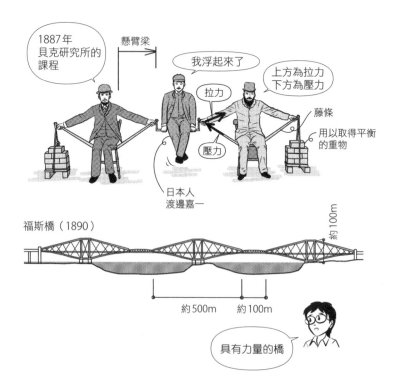

福斯橋（1890）

- 上面這張三個人坐著的圖片非常著名，為1887年貝克研究所於課程中所拍攝的，中間坐著的是到英國學習的日本人渡邊嘉一（「建築文化」1997年1月號，頁54，播繁著）。
- 福斯橋為早期使用鋼的實例。聖路易市的艾德橋（Eads Bridge，1874，艾德〔James Eads〕設計）為最早使用鋼材的橋梁。鐵橋為鑄鐵（1779）。艾菲爾設計的加拉比特高架橋（Viaduc de Garabit，1884）、艾菲爾鐵塔（1889）則是鍛鐵（又稱熟鐵）。艾菲爾不信任容易生鏽的鋼材，直至艾菲爾鐵塔為止，都是使用鍛鐵。鑄鐵、鍛鐵、鋼等依其製作方法及碳含量而有不同。

Q 鋼與玻璃的建物起源是什麼？

▼

A 19世紀中葉的英國溫室。

 近代建築常使用鋼與玻璃，其起源為19世紀中葉英國建造的溫室。齊博宮（Kibble Palace，1860前後，格拉斯哥，1873移建，齊博〔J. Kibble〕設計）為上流社會建造的大型溫室。

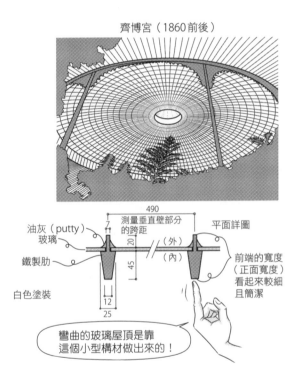

齊博宮（1860前後）

油灰（putty）
玻璃
鐵製肋
白色塗裝

490
測量垂直壁部分
的跨距
（外）
（內）
20
45
7
12
25

平面詳圖

前端的寬度
（正面寬度）
看起來較細
且簡潔

彎曲的玻璃屋頂是靠
這個小型構材做出來的！

● 19世紀中葉前後，在維多利亞時代的英國，大量生產鋼與玻璃，另外由於從世界各地收集了許多植物，需要種植的場所，因而建造了為數眾多的溫室。位於倫敦近郊的英國皇家植物園（Kew Garden，1848），以種植椰子樹的溫室（1848）聞名，而筆者挑選了構架單純的齊博宮，量測後試著描繪出來。這棟建物是細線材組合而成的殼體結構（shell structure，貝殼狀曲面）。玻璃是非常重的東西（比重2.5：水的2.5倍），但一點也感覺不出來。相鄰之處也有以現代技術建造的建物，不過卻是簡陋的鋼骨構架結構溫室。以結構、設計、細節等而言，都是一百五十年前的建物較氣派，可以明顯感受到維多利亞女王統治時期的大英帝國氣勢。

Q 如何在短時間內建造大規模的建築物？

▼

A 先在工廠以規格化的方式大量生產構材，到了現場再以螺栓、鉚釘等加以安裝的預鑄工法，可以有效縮短工期。

水晶宮（Crystal Palace，倫敦萬國博覽會，1851，派克斯頓〔Joseph Paxton〕設計）以規格化的24英尺（約7.3m）標準尺寸鑄鐵製鑲板與柱縱橫排列，橫長約564m，寬度約124m，天花板高度約20m，是用鋼與玻璃（部分木造）打造的巨大展示用建物，前後只花四個月就組合完成。

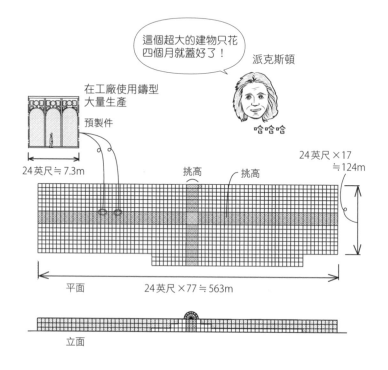

• 派克斯頓是園藝技師，參與從溫室的設計到這類以鋼和玻璃打造的大規模建物。他的風格迥異於砌磚鋪石，為了打造古代或中世紀樣式而費盡心思的建築師，也因此才能完成這樣劃時代的設計。

Q 大型建造物為什麼多是鋼骨造？

▼

A 因為鋼的強度佳。

鋼骨的優勢在於不像鋼筋混凝土那麼笨重，也不像木造有火、水、蟲蝕等問題，構材可以先在工廠生產，接合方式相當多元等。自由女神像（紐約，1886，雕像由法國雕塑家巴特勒迪〔Frédéric Auguste Bartholdi〕設計）、艾菲爾鐵塔（巴黎萬國博覽會，1889）的內部骨架組立，都是催生出鋼的強度與各式接合法的艾菲爾（Alexandre Gustave Eiffel, 1832–1923）及艾菲爾建設公司的作品。

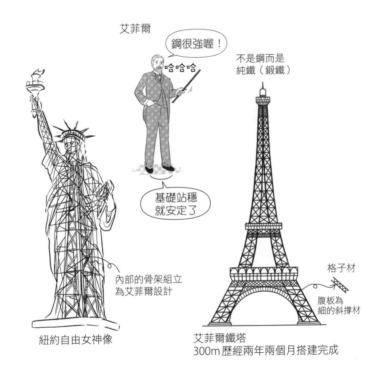

艾菲爾

鋼很強喔！

哈哈哈

基礎站穩就安定了

不是鋼而是純鐵（鍛鐵）

格子材

腹板為細的斜撐材

內部的骨架組立為艾菲爾設計

紐約自由女神像

艾菲爾鐵塔
300m歷經兩年兩個月搭建完成

- 在相同容積下，鋼骨的重量比混凝土重，但強度則是鋼骨遠勝，因此使用較細的構材就能達到強度的要求，以結果來說還是比鋼筋混凝土來得輕。
- 現今可見的艾菲爾鐵塔軸組，每一根構材並不是一整根鋼骨，而是腹板部分為細鋼骨製成的組合材（格子材，lattice）。這個格子材可以當作細部裝飾的一部分，營造「鐵的花邊細工」的纖細感。

Q 艾菲爾鐵塔的鋼材是如何接合的？

▼

A 以鉚釘和螺栓進行接合。

鉚釘是先將其頭部加熱，以鐵鎚敲擊使之接合，留下一圓筒狀的頭部。
鉚釘敲擊法是19世紀最廣為使用的鋼材接合法。

艾菲爾鐵塔的接合過程

- 上方的圖解是參考當時的畫作描繪出來的。日本也經常使用鉚釘，現今還可以看到從前的鐵橋或蒸汽火車上，有排列整齊的半球型頭部。現在一般是工廠完成構材的熔接之後，在現場以螺栓進行接合。
- 鋼在高溫下會像糖果一樣熔化變形，而且需要定期塗裝防止鏽蝕。雖然有這些缺點，19世紀後還是陸續出現許多大型鋼骨造建物、鐵塔、鐵橋、看板等，因為鋼骨仍有強度佳及容易進行加工、接合等優點。鋼筋混凝土也是需要加入鋼筋，才能建造出大型建築物。

Q 三鉸拱是什麼？

▼

A 兩邊支點及中間以鉸接組成的拱。

🔷 巴黎萬國博覽會的機械館（1889，都特〔F. Dutert〕和康塔明〔Victor Contamin〕設計），就是以鋼製桁架的三鉸拱（three-hinged arch）成功實現了大空間的設計。

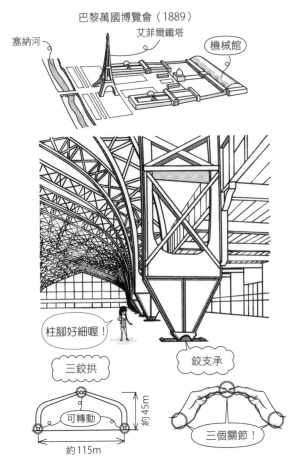

巴黎萬國博覽會（1889）

艾菲爾鐵塔

塞納河

機械館

柱腳好細喔！

鉸支承

三鉸拱

可轉動

約45m

三個關節！

約115m

● 三鉸拱是靠反力（地面的支撐力）及內力（構材內部產生的力），以力平衡維持穩定的靜定結構（參見R216）。基礎的移動及因溫度產生的熱脹冷縮，都可以藉由鉸接的轉動得到一定程度的紓解，形成不易受外力影響的結構形式。

Q 巴黎萬國博覽會機械館的鉸支承有承受彎矩的反力嗎？

▼

A 可轉動，因此不受彎矩作用。

反力是指地面的反作用力，為支撐結構物的力量。就像是「推動布簾」一樣，可動方向不會有反力作用。即轉動方向不承受反力。若從地面有反力要使柱彎曲，也會因為可轉動的關係而將力量抵消掉。

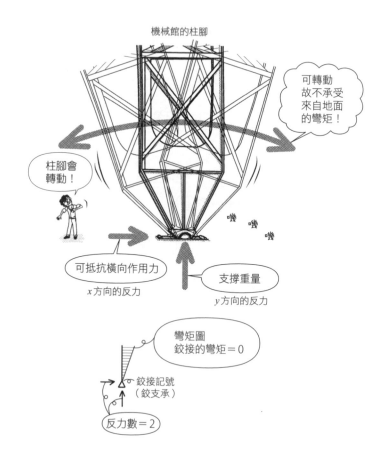

機械館的柱腳

可轉動
故不承受
來自地面
的彎矩！

柱腳會
轉動！

可抵抗橫向作用力

x 方向的反力

支撐重量

y 方向的反力

彎矩圖
鉸接的彎矩＝0

鉸接記號
（鉸支承）

反力數＝2

- *y* 方向為支撐荷重的作用力，*x* 方向為抵抗橫向移動的作用力，合計承受兩個反力作用。以判別式（參見R215）即可計算出反力數為2。
- 一般來説，柱的基礎形式都是很粗或穩固的基座形式。像這樣以鉸接呈現輕巧感的支承方式，可説是極為劃時代的設計。

Q 為什麼長跨距（柱之間的距離）多是以鋼骨桁架設置？

▼

A 因為混凝土梁太重，木造梁的強度又太弱。

19世紀的鐵路車站、飛行船的格納庫（指停放處）、體育館等的長跨距建物，皆是以鋼骨桁架建造而成。例如巴黎的奧塞火車站（1900），牆壁為磚造的砌體結構，只有長跨距的部分為鋼骨桁架搭配屋頂的玻璃構造組合而成。奧塞火車站經過改裝之後，1986年成為奧塞美術館（Musée d'Orsay）重新開放。

巴黎的奧塞火車站→奧塞美術館
（1900）　　　（1986）

磚造的砌體結構

玻璃

鋼骨桁架梁

砌體結構

長跨距常使用鋼骨桁架

室內設計也很棒喔！

內外的時鐘設計也超讚的！

原為月台＋鐵軌的大空間

● 當時的鋼骨大空間，比起以鋼骨為主的架構，多是在建物外圍披著古典主義及哥德式外衣的砌體結構，內部隱藏著鋼骨形式。近代建築的先驅曾譴責這樣的設計方式，但如今看來，這樣的建物可是很受歡迎啊。當時鋼與玻璃打造的鐵路宿舍，如倫敦的國王十字車站（King's Cross Railway Station，1852，曾於《哈利波特》系列電影中登場）、派丁頓車站（Paddington Station，1854）等都相當著名。

Q 鋼筋混凝土造（RC造）、鋼骨造（S造）的 $\frac{梁深}{跨距}$ 是多少？

▼

A RC造為 $\frac{1}{10}$ ~ $\frac{1}{12}$ 左右，S造為 $\frac{1}{14}$ ~ $\frac{1}{20}$ 左右。

依據梁的間隔及重量等而異，大致落在這個範圍內。S造為線材組合而成的桁架，因此可能出現梁深為長跨距的 $\frac{1}{20}$ 的情況。

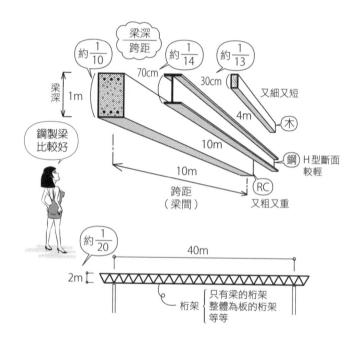

- H型鋼的梁大約在20世紀初就已廣為使用。近代建築史中著名的建築，包括阿姆斯特丹證券交易所（Amsterdam Stock Exchange，1897-1903，貝爾拉格〔H. P. Berlage〕設計）、格拉斯哥藝術學院（Glasgow School of Art，1897-1909，麥金托什〔C. R. Mackintosh〕設計），都是磚造牆壁的砌體結構，樓板以H型鋼作支撐。這樣一來，在緊密排列的H型鋼之間，於磚材的拱頂上就可以打造出樓板。在前者一樓的咖啡廳及後者一樓工作室的天花板，都可以看見這樣的設計。
- RC造的梁也可以製作大跨距，但困難之處在於斷面越大，RC梁的重量越重。為了承受自身的重量，會耗費許多力氣。
- 若是木造梁，$\frac{梁深}{跨距}$ 為 $\frac{1}{12}$ 左右，由於是取自天然的木材，會受限於本身的長度和粗細。如果使用人工組成的合成材，就會有長跨距的木材。

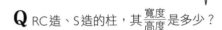

Q RC造、S造的柱，其 $\frac{寬度}{高度}$ 是多少？

A RC造為 $\frac{1}{10}$ 左右，S造為 $\frac{1}{40}$ 左右。

RC造的柱以 $\frac{1}{15}$ 左右為極限。相對地，S造的柱可以細到 $\frac{1}{40}$，呈現出細長、纖細的印象。柱出現在平面中的面積很少，樓板也是以作為結構體為主，完全沒有一絲浪費。不過S造的細柱和梁，要特別注意彎曲產生的破壞（**挫屈**）。

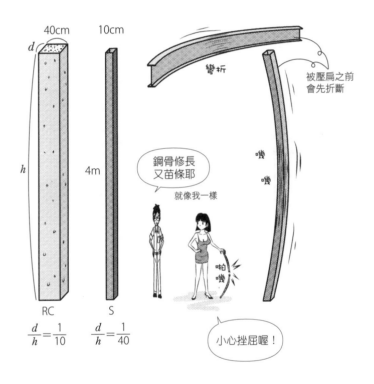

- 在結構力學中，用以表示細長比的係數為 λ（lambda，參見R210）。S造柱的 λ 一定在200以下。

Q 高層建築是從哪裡開始興起的？

▼

A 19世紀後半的芝加哥，以及20世紀初的紐約等地開始大量興建。

高層建築的發源地是美國。從芝加哥的密西根湖畔開始，一直到紐約曼哈頓島，一路擴展到世界各地。

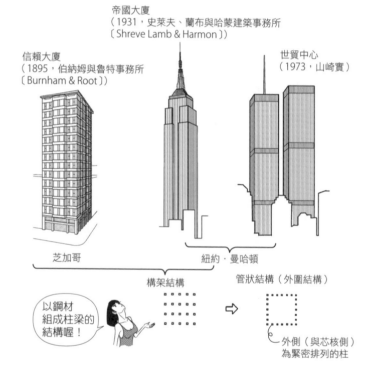

帝國大廈
（1931，史萊夫、蘭布與哈蒙建築事務所
〔Shreve Lamb & Harmon〕）

信賴大廈
（1895，伯納姆與魯特事務所
〔Burnham & Root〕）

世貿中心
（1973，山崎實）

芝加哥　　　　　　　　　　　　紐約・曼哈頓

構架結構　　　　　管狀結構（外圍結構）

以鋼材組成柱梁的結構喔！

外側（與芯核側）為緊密排列的柱

- 基本上高層建築是隨著經濟的興起逐漸向上發展，19世紀後半到20世紀初是美國經濟高度起飛時期，沒有傳統包袱的美國，再加上芝加哥大火（1871）之後的復興，陸陸續續建造了許多建物。大火之後，出現了所謂芝加哥學派，一開始是以砌體結構為主，後來逐漸嘗試如上述信賴大廈（Reliance Building）等的鋼骨結構。

- 構架結構的柱是以幾乎均等的方式設置，再架設梁與樓板的建築形式，之後才轉變成集中在外側的管狀結構。在911事件中遭摧毀的世貿中心（World Trade Center），就是管狀結構的超高層建築。管狀結構也可稱為外圍結構、構架型外圍結構等。

Q 外露的鋼骨遇火會如何？

▼

A 變得像糖果一樣熔化彎曲。

 鋼在500度的溫度下，強度只剩下原來的一半，因此大型建物都需要進行防火被覆。

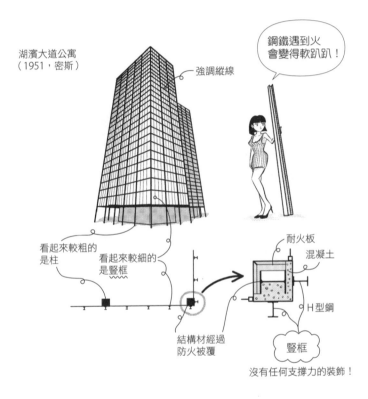

湖濱大道公寓
（1951，密斯）

強調縱線

鋼鐵遇到火
會變得軟趴趴！

看起來較粗的
是柱

看起來較細的
是豎框

結構材經過
防火被覆

耐火板

混凝土

H型鋼

豎框

沒有任何支撐力的裝飾！

● 上述聳立在芝加哥密西根湖畔的高層建築湖濱大道公寓（Lake Shore Drive Apartments），柱有使用鋼筋混凝土和耐火板進行防火被覆。密斯（Mies van der Rohe, 1886-1969）擅長的H型鋼外露設計，由於高層建築需要防火被覆而無法使用，因此發展出以窗戶的豎框（mullion）作為外露的H型鋼，強調垂直線的設計。特別是在柱外側的豎框，不是用以支撐玻璃，完全著重裝飾效果。H型鋼之於密斯，就像古典主義者的柱式一樣重要。

Q 立體桁架是什麼？

▼

A 不是像梁一樣只有單向的連續三角形，而是也往橫向、上下方向立體展開的桁架。

■ 富勒（Buckminster Fuller, 1895-1983）設計的測地線拱頂（geodesic dome，或稱富勒圓頂屋，1947）、蒙特婁世界博覽會美國館（1967），以及丹下健三（1913-2005）等人設計的大阪世界博覽會祭典廣場（1970）的屋頂等，都是立體桁架的結構。

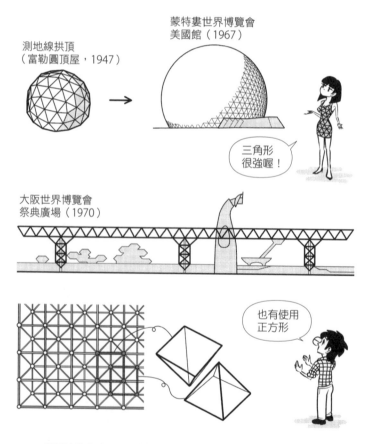

蒙特婁世界博覽會
美國館（1967）

測地線拱頂
（富勒圓頂屋，1947）

三角形
很強喔！

大阪世界博覽會
祭典廣場（1970）

也有使用
正方形

● geodesic是測地線之意，而測地線拱頂一詞是富勒創造出來的名詞。1960～70年代，盛行使用立體桁架製作大型的水平屋頂、拱頂或圓頂等殼體結構。也可稱為空間桁架（space truss）。

Q 混凝土裡為什麼要加入鋼筋？

A 為了補強抗拉力較弱的混凝土。

水泥中加入砂就形成砂漿（水泥砂漿），再加入礫石就形成混凝土，硬固之後較無法抵抗拉力及剪力，容易開裂。古羅馬大量使用的混凝土，主要功能是作為壓縮材。

蘭伯特設計的
鐵絲網水泥砂漿船（1855）

莫尼埃設計的
鐵絲網水泥砂漿花盆（1867）

● RC 是 reinforced concrete（經過加強的混凝土）的縮寫，即鋼筋混凝土之意。

● 1850 年，法國人蘭伯特（Joseph-Louis Lambot）以加入鐵絲網的水泥砂漿試作了船隻，在 1855 年的巴黎萬國博覽會中展出並獲得專利。此外，同為法國人的花匠莫尼埃（Joseph Monier）嘗試將鐵絲網加入花盆中，並在 1867 年取得專利。這就是鋼筋混凝土的起源。到了 19 世紀後半，鋼筋混凝土的結構理論也大致發展完備。鋼和混凝土都是西元前就開始使用，但將兩者併用的劃時代發想，卻直到 19 世紀後半才出現。而且剛好鋼和混凝土對於熱的膨脹率幾乎相同，才能達到相輔相成的效果。鋼骨造的歷史有兩百年左右，RC 造的歷史為一百五十年左右。

Q 構架結構是什麼？

▼

A 柱與梁組合，保持柱梁接合部為直角，上方再承載樓板的結構方式。

1892年，法國建築業者埃納比克（François Hennebique, 1842–1921）提倡以RC製作的柱梁結構系統（也就是構架結構）。構架結構就是像桌子一樣的結構，桌角與橫條以剛接保持直角，上方再承載桌板。

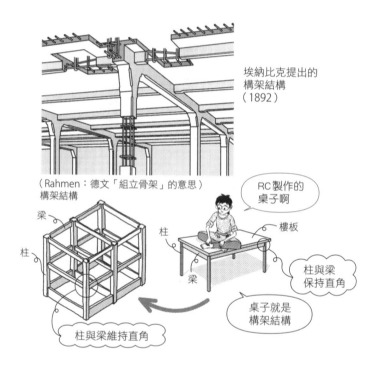

埃納比克提出的
構架結構
（1892）

（Rahmen：德文「組立骨架」的意思）
構架結構

梁

柱

柱

梁

柱與梁維持直角

RC製作的
桌子啊

樓板

柱與梁
保持直角

桌子就是
構架結構

- 埃納比克提倡RC構架結構之後，法王查理六世紡織廠（1895）就是RC造的建築。1900年的巴黎萬國博覽會也有許多展館的樓梯等部分是RC造。
- 德博多（Anatole de Baudot, 1834–1915）設計的聖讓蒙馬特教堂（Église Saint-Jean de Montmartre，1894–1902）也是RC造建築。整體而言，這座建築以哥德式樣式統整，RC造的部分比佩雷在法蘭克林街的公寓（參見次頁）還要早，為現存最古老的RC造建築。位於蒙馬特山丘附近，吉馬德（Hector Guimard, 1867–1942）設計的新藝術（art nouveau）阿貝斯地鐵站（Abbesses Station，1900）入口，請務必一併參觀。

Q 什麼時候開始有RC構架結構？

▼

A 大致從19世紀後半開始部分使用，進入20世紀後大量使用。

佩雷（Auguste Perret, 1874-1954）在巴黎法蘭克林街建造了RC構架結構的公寓（1902-03）。建物整體為RC構架結構，是最早包含所有近代設計元素的建築物實例。施工者為埃納比克建設公司，相關技術與施工當然由埃納比克負責。

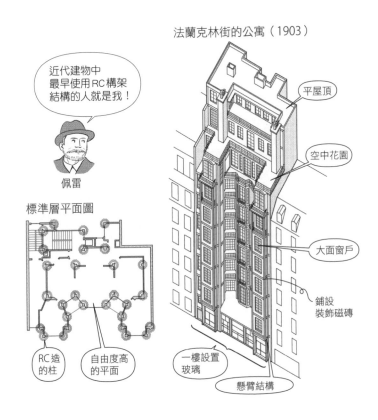

法蘭克林街的公寓（1903）

近代建物中最早使用RC構架結構的人就是我！

佩雷

標準層平面圖

平屋頂

空中花園

大面窗戶

鋪設裝飾磁磚

RC造的柱

自由度高的平面

一樓設置玻璃

懸臂結構

● 佩雷在巴黎買下面對法蘭克林街的土地，建造公寓當起房東，一樓作為事務所，最上層當作自宅使用。筆者約三十年前參觀時，外牆略有髒汙，2012年再度造訪，外牆已清洗乾淨，設置在柱梁之間的陶製樹葉圖樣美麗非凡，令人驚豔。

Q 什麼時候開始有清水混凝土（未加工的混凝土）建物？

▼

A 20世紀初開始。

最早在城市中以清水混凝土建造建物整體的例子，是佩雷設計的龐修街（Rue de Ponthieu）車廠（車商的建物，1905）。柱梁結構體外露，中央挑高部分有大片玻璃。挑高空間中有鋼骨桁架梁做成的橋，可以承載車輛，不管在結構或設計上，都是非常先進的作品。

龐修街的車廠

RC構架結構

清水混凝土

世界最早
也最美的
鋼筋混凝土
實驗建物

（佩雷本人如是説）

佩雷

玻璃的屋頂

內部挑高

大面玻璃

鋼骨桁架梁

可承載車輛的橋

● 「澆置」（打ち）混凝土後，只「放開」（放し）模板，所以稱為「コンクリート打ち放し」（清水混凝土）。19世紀末，有許多將未加工的混凝土用於樓梯、陽台等部分，以及工廠等廉價建物的例子。在日本，雷蒙（Antonin Raymond, 1888–1976）自宅（1923）是清水混凝土建物的早期範例。

Q 殼體結構是什麼？
▼
A 以貝殼般的曲面板做成的結構。

砌體結構的拱頂、圓頂也是殼體結構的一種，進入20世紀後，盛行以RC製作殼體。位於巴黎近郊的佩雷作品邯鍚教堂（Notre Dame du Raincy，1922–23）是最早的範例。拱高較低的扁平拱頂，利用細長的柱進行支撐。

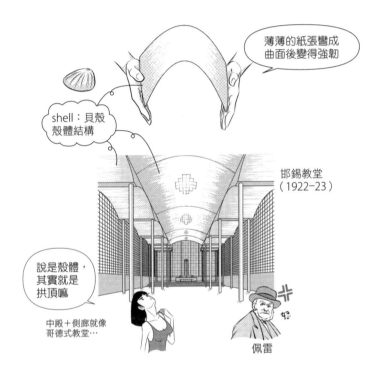

薄薄的紙張彎成曲面後變得強韌

shell：貝殼
殼體結構

邯鍚教堂
（1922–23）

說是殼體，其實就是拱頂嘛

中殿＋側廊就像哥德式教堂…

佩雷

- 側面的牆壁是在工廠先將鑄型製成的預鑄混凝土嵌入彩色玻璃（stained glass），再一塊一塊砌至天花板打造而成。
- 法蘭克林街公寓的表面貼覆許多裝飾磁磚，牆壁最上方附有簷口（cornice）般的突出結構。龐修街車廠也可見簷口。香榭里樹劇院（Théâtre des Champs-Élysées，1911–13）為大空間RC構架結構的代表作，其表層表現仍具有濃厚的古典主義色彩。邯鍚教堂也留有強烈的哥德式風貌。或許因為佩雷曾在傳統的法國美術學院（École des Beaux-Arts）受過教育的緣故（畢業前夕退學，進入專事RC造的家族企業），一心致力於發展RC造，不像柯比意時有抽象性的設計與發想。

Q 有柱無梁也可以支撐樓板嗎？

▼

A 若是將樓板與柱的接合部做成蘑菇狀就可以。

如文字所示，無梁的樓板稱為無梁板結構。馬亞爾（Robert Maillart, 1872–1940）設計的蘇黎世倉庫（1908），就是藉由柱上部的廣面設計與樓板一體化，完成無梁的結構形式。

無梁板結構

無梁的樓板

用蘑菇來支撐

蘑菇頭

蘇黎世的倉庫（1908）

充分發揮混凝土的一體性、可塑性

馬亞爾比佩雷年長兩歲

- 埃納比克、佩雷的構架結構是以柱梁作為線材所構成。充分利用混凝土硬固後會成為單一塊狀整體的一體性，並使之像黏土一樣具形狀可塑性的，正是馬亞爾。
- 在加尼葉（Tony Garnier, 1869–1948）的工業城市計畫案（Industrial City，1901–17）中，位於中心的珀斯地區，可以看見以巨大無梁板覆蓋的公車站。
- 最著名的蘑菇柱設計是萊特（Frank Lloyd Wright, 1867–1959）的嬌生總部（Johnson Wax Building，1939），但馬亞爾約三十年前便已實現這個設計。

Q 如何製作RC造的薄拱？

▼

A 以三鉸拱製作。

鉸接就像門的鉸鏈一樣，是可以轉動的接合部，不受轉動、彎曲的力量作用。近似鉸接的構材不會彎曲，所以可以比較細。

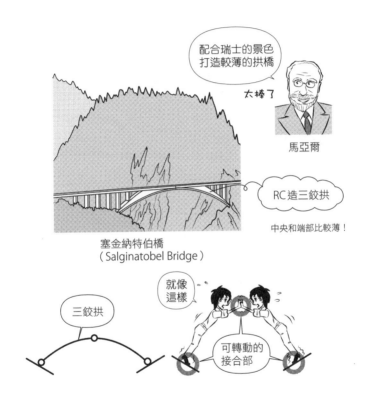

配合瑞士的景色
打造較薄的拱橋

太棒了

馬亞爾

RC造三鉸拱

中央和端部比較薄！

塞金納特伯橋
（Salginatobel Bridge）

就像這樣

三鉸拱

可轉動的
接合部

● 從1899年開始，直到六十八歲生涯結束，馬亞爾在瑞士設計了許多拱橋。其中大部分都是應用三鉸拱的形式，完成中央薄的美麗拱橋。這些拱橋架在世界美景瑞士溪谷上方，與周遭景致展現出十分和諧又完美的形態。他晚年為瑞士萬國博覽會設計的水泥館，實現了跨距16m、拱高16m且板厚僅6cm的拋物線拱。馬亞爾可說是將RC材料的可能性發揮得淋漓盡致的建築師和技術者。

 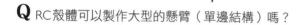

Q RC殼體可以製作大型的懸臂（單邊結構）嗎？

▼

A 20世紀前半開始就有許多實例。

■ 西班牙結構工程師托羅哈（Eduardo Torroja, 1899-1961）設計的薩蘇埃拉競技場（Hippodrome de la Zarzuela，1935），就是用大型的雙曲面殼體做成懸臂式屋頂，覆蓋在觀眾席上方。

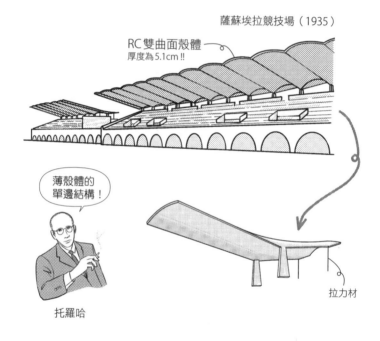

薩蘇埃拉競技場（1935）

RC雙曲面殼體
厚度為5.1cm‼

薄殼體的
單邊結構！

托羅哈

拉力材

- 殼體屋頂的後方加入拉力材，保持結構的平衡。雙曲面是指不在同一平面的傾斜曲線，對著同樣的軸旋轉一圈所形成的曲面。不同的直線可以組合出許多形式的曲面，可以廣泛運用在建築中。
- RC或鋼骨桁架做成的晶格結構（參見R057），經常應用於體育館、展示場、大廳等大空間，還有上述的大型單邊屋頂等處。

※參考文獻：托羅哈著，川口衛監修‧解說，《托羅哈的結構設計》（エドゥアルド‧トロハの構造デザイン，相模書房，2002）

Q 使用構架結構的優點是什麼？

▼

A 1. 內部沒有承重的牆壁，平面的自由度高（自由平面〔free plan〕）。
2. 外圍不需要承重的牆壁，立面的自由度高（自由立面〔free façade〕）。
3. 一樓架空可對外開放（底層架空〔piloti〕）。
4. 可打造非縱長而是水平的長窗，室內較明亮（水平長條窗〔ribbon window〕）。
5. 可做平屋頂，設置空中花園（屋頂花園〔roof garden〕）。

此即柯比意（Le Corbusier, 1887–1965）發表的「新建築五點」（Five Points of a New Architecture，1926）。

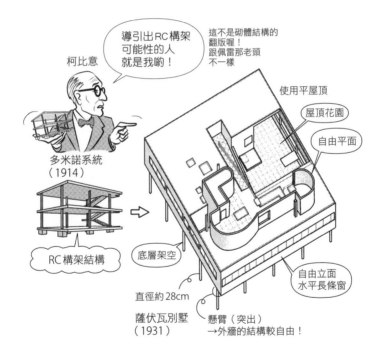

● 多米諾系統（domino system，1914）與薩伏瓦別墅（Villa Savoye，1931）都是在雙層的樓板之間放入肋筋（小梁）的中空板（參見R054），讓外部看不到梁的樣子，基本上還是RC構架結構。薩伏瓦別墅就是融合新建築五點所完成的作品。
● 薩伏瓦別墅的圓柱非常細，經過筆者現場量測，計算出的底層架空柱的圓周直徑，各柱多少有些差異，不過大多為28cm前後。

Q 懸臂是什麼？

▼

A 單邊梁或是指突出部分整體。

懸臂的設置可以展現設計的動態感、水平長條連窗，以及圍繞轉角處的大面玻璃等，可説是近代設計的利器。下面三座住宅名作的共通點，便是以懸臂來強調水平線。

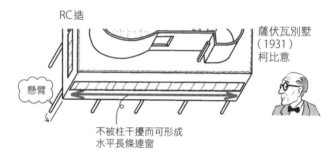

RC 造

薩伏瓦別墅
（1931）
柯比意

懸臂

不被柱干擾而可形成
水平長條連窗

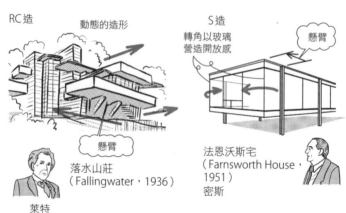

RC 造　　動態的造形

S 造

轉角以玻璃
營造開放感

懸臂

懸臂

落水山莊
（Fallingwater，1936）

萊特

法恩沃斯宅
（Farnsworth House，
1951）
密斯

Q 利用混凝土的可塑性（如黏土般可自由塑形的特性）打造造形時，困難之處是什麼？

▼

A 設計成曲面時，模板也必須做成曲面。

 孟德爾松（Erich Mendelsohn, 1887-1953）設計的愛因斯坦塔（Einstein Tower，波茨坦市，1921），其雕塑性形態為德國表現主義的代表作。原本希望活用混凝土的可塑性來造形，但實際上是先砌磚後再於表面塗抹水泥砂漿來打造。一般認為採用這種作法是因為戰後資源不足，但筆者認為模板製作困難也是原因之一。

廊香教堂（1955）

雖然想全用RC來製作…

孟德爾松
與柯比意同年

RC造
（混凝紙）

牆壁為RC造＋砌體結構
特別是門口的部分

其實是砌石砌磚構成！

其實是砌磚構成！

腦袋要靈活一點！

柯比意

愛因斯坦塔（1921）

- 雖然殼體曲面彎曲的幅度多半較和緩，但若是像愛因斯坦塔這樣完全自由的造形，製作模板相當困難。現在的作法是先在表面設置細鐵絲網，於裡面的混凝土硬固之前，以鏝刀將表面塗勻，或是塗抹加入玻璃纖維的混凝土（GRC）等，有許多施作方式。雖說混凝土的可塑性很高，但考量模板的製作，或許出乎意外地困難。
- 柯比意設計的廊香教堂（La Chapelle de Ronchamp，1955），其牆壁是砌築原有教堂留下的石材的砌體結構，加上RC造構架組合而成的結構，表面設置鐵絲網，並均勻塗抹水泥砂漿，屋頂則是在內部加入構架，表面為清水模。可以明顯感受到相較於結構的一貫性、合理性，更重視造形的姿態。

Q 預力混凝土是什麼？

▼

A 先施加拉力在鋼索後放入混凝土內，成為抗拉強度較強的混凝土。即預
先（pre）施加應力的（stressed）混凝土之意。

如下圖，在混凝土中放入施加拉力的鋼索，使混凝土產生壓力作用。如
此一來，可以防止抗拉強度較弱的混凝土開裂並降低撓度。1930年代
開始應用在實務上。

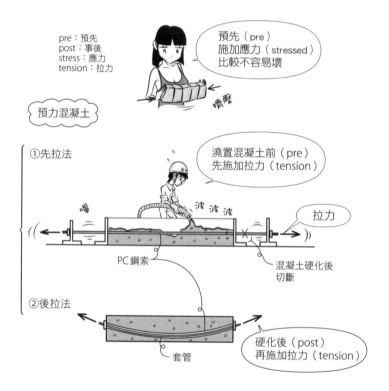

- 預力的設置方式包括在混凝土澆置前先放入拉力鋼索的先拉法，以及澆置後在套
  管內加入拉力鋼索的後拉法。所謂的先、後，是指在澆置混凝土之前或之後。預
  力則是指組立之前預先施力的意思。
- 鋼索為 PC 鋼材，是預力混凝土專用的高拉力鋼。

Q 格子板是什麼？

▼

A 加入格子狀細梁（rib：肋）的樓板。

如果不以大型梁支撐樓板，除了前述的蘑菇柱之外，還有在縱向或縱橫雙向設置小型梁＝肋，或是等間隔排列圓筒形等的中空板等方法。

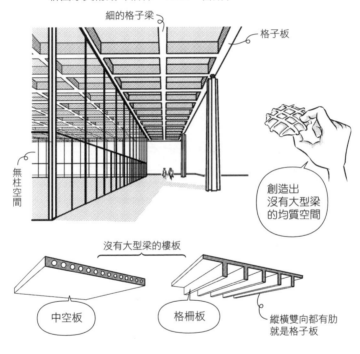

新國家美術館（柏林，1968，密斯）

細的格子梁

格子板

無柱空間

創造出沒有大型梁的均質空間

沒有大型梁的樓板

中空板

格柵板

縱橫雙向都有肋就是格子板

- 外廊下或陽台等的小型樓板可以用無梁的方式設置。中空板為 void slab，肋構成的樓板則為格柵板（joist slab，托梁板，joist 為小梁、托梁）。格柵板若是縱橫雙向都有肋，就是格子板（waffle slab）。
- 柯比意的薩伏瓦別墅的樓板，是先朝單邊設置許多肋，再於肋的直交方向加入大型梁。與其說肋為細梁，不如說更近似木造的格柵。

Q 帶肋殼體是什麼？

▼

A 肋與曲面一體化的殼體。

將如肋骨般排列的架構，製作成貝殼狀曲面。奈爾維（Pier Luigi Nervi, 1891-1979）設計的羅馬奧運（1960）小體育宮（Petit Palais des Sports），就是美麗帶肋殼體的代表範例。

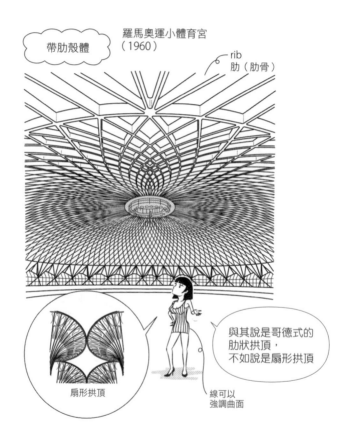

帶肋殼體

羅馬奧運小體育宮
（1960）

rib
肋（肋骨）

與其說是哥德式的肋狀拱頂，不如說是扇形拱頂

扇形拱頂

線可以強調曲面

- 和哥德式的肋狀拱頂一樣，可以表現出力量的流動，呈現視覺設計之美。不過仔細端詳這座體育館的帶肋殼體會發現，相較於「結構合理主義」，它更像是後期哥德式扇形拱頂（fan vault）般的「結構裝飾主義」之美。將結構與成本最佳化之後，可以得到構架最少的結構。這個殼體是利用在工廠製作好的預鑄混凝土（precast concrete，預先鑄型澆置的混凝土，簡稱PC）構材排列而成，之後再於上面澆置混凝土使其一體化的結構。

Q 折板結構是什麼？

▼

A 將板彎折成凹凸狀來增加強度的結構。

布羅伊爾（Marcel Lajos Breuer, 1902–81）與奈爾維等人設計的巴黎聯合國教科文組織總部大樓（1957）會議室部分（其他為構架結構）的牆壁和天花板，就是折板結構。

聯合國教科文組織總部大樓會議室（1957）

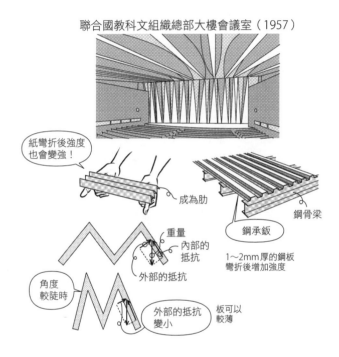

紙彎折後強度也會變強！

成為肋

鋼骨梁

鋼承鈑

1～2mm 厚的鋼板彎折後增加強度

重量

內部的抵抗

外部的抵抗

角度較陡時

外部的抵抗變小

板可以較薄

● 將薄板彎折後斷面呈M字型，左右的距離拉近，各個面的作用就像加入許多肋的格柵板一樣。彎折的角度較陡時，抵抗向下重力的力，包括內部及外部的抵抗，其中內部的壓縮力會變大，讓面彎折的外部力量會變小。

● 折板屋頂和鋼承鈑皆為建築構材，一般是折板結構的接受度較高。折板屋頂常用於工廠、倉庫或預鑄屋架的屋頂等。有時鋼承鈑上會再澆置混凝土，做成樓板。

● 雷蒙設計的日本群馬音樂中心（1961），就是以全部由折板構成的音樂廳聞名。

Q 晶格結構是什麼？

▼

A 利用三角形等的格子做成的殼體。

■ 大英博物館中庭為玻璃屋頂架構，其中諾曼・佛斯特（Norman Foster, 1935-）設計的大中庭（Great Court，2000），就是以薄晶格結構打造。

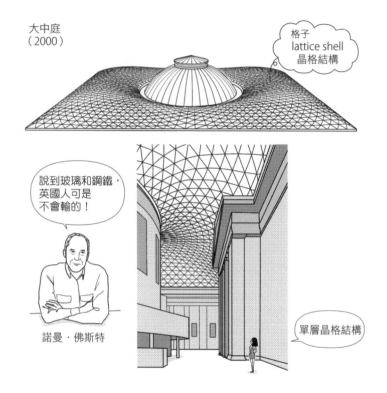

大中庭
（2000）

格子
lattice shell
晶格結構

說到玻璃和鋼鐵，
英國人可是
不會輸的！

諾曼・佛斯特

單層晶格結構

● 將以軸為主要受力方向的線材，組立成三角形的一種桁架。與1960～70年代常見的有一定厚度的立體桁架殼體相較，現今的晶格結構例子多半做得較薄。上述殼體的跨距較短，因此晶格結構只要一層就可以支撐。一層的格狀結構稱為單層晶格結構（single layer lattice）。

※ 參考文獻：Norman Foster and Partners, "Norman Foster Works 4"（Prestel Verlag, 2004）

Q 如何以N（牛頓）表示體重40kg、50kg、60kg？

▼

A 40kg的重量→約400N
50kg的重量→約500N
60kg的重量→約600N

55kg的重量約為550N（牛頓），因此大致是體重的kg數乘上10倍後，就是牛頓的數值。從今天起，以牛頓為單位來記住自己的體重，一問就可以馬上反應。被問起體重時，不要説「這是性騷擾！」，而是回答「450N！」吧。

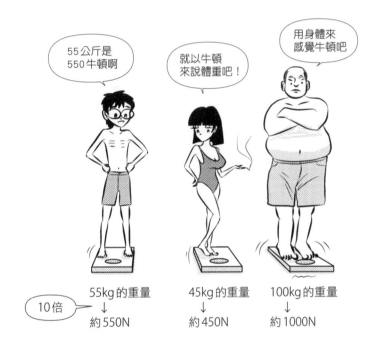

55公斤是550牛頓啊

就以牛頓來說體重吧！

用身體來感覺牛頓吧

10倍 →

55kg的重量
↓
約550N

45kg的重量
↓
約450N

100kg的重量
↓
約1000N

● 以前結構是以公斤的重量來表示力量，在理解上比較有實感。但自從統一以牛頓作為國際單位之後，很難得知學習結構的人是不是真的能夠對牛頓有實感並理解。其實這是非常危險的事。我們在實際生活中並不會用到牛頓這個單位，能夠有實感的人真的非常少。隨後會説明質量、重量的區別，以及單位的定義等，首先讓我們從可以對牛頓有實感的地方開始吧。

Q 如何以N（牛頓）表示100g重的小蘋果，以及100g重的大橘子？

A 約1N。

■ 100g＝0.1kg的重量，約為1N。記住大橘子或小蘋果1顆，約為1N。拿1顆起來，感受一下牛頓吧。其實1N意外地是很小的單位，因此它是很小的力量。

牛頓真的是很小的單位耶！

小蘋果
100g的重量
↓
1N

大橘子
100g的重量
↓
1N

100g的重量為1N
（0.1kg）

牛頓

● 秤一下家裡的水果，中等大小的蘋果約200g，大一點的橘子和普通的奇異果約100g。100g的蘋果是很小的東西。牛頓最著名的事跡是看見從蘋果樹上掉下的蘋果，因而發現萬有引力。我們只要記住1N是1顆小蘋果的重量就好了。

Q 如何以N（牛頓）表示放入寶特瓶內 1ℓ（公升）水的重量？

▼

A 約10N。

1ℓ（1000mℓ＝1000cm³＝1000cc）的水重量是1kg。1kg的重量約為10N。和體重一樣，可用10倍進行換算。因此水1ℓ的重量是1kg，約為10N，跟重量一起記下來吧。

1ℓ水的重量
約為10N喔！

水1ℓ的重量
為1kg
↓
約10N

（水的1cm³為1g
1000cm³為1000g）

● 繪圖時曾調查不二家和便利商店的寶特瓶，意外發現與2000mℓ、500mℓ相比，100mℓ的寶特瓶很少，而且大多是四角形瓶身。紙盒裝的不二家牛奶全部為1000mℓ，試著量測重量後發現，牛奶的重量比水重（比重為1.03左右），因此會超出1kg很多，無法套用在上述的例子中。另外，為了簡化說明，我們不考慮寶特瓶的重量。

● 一直以來都是以水作為重量的量測基準，比重是指跟水「比」較出來的「重」量。順帶一提，比熱是表示溫度上升所需的能量，即與水相「比」需要多少「熱」量的意思。

Q 如何以N（牛頓）表示10kg重的米？

▼

A 約100N。

 kg數乘以10成為10倍，即100N。100N為可持重量的極限。

100N的重量
為可持重量的極限

重量50N
（5kg的米）

米
10kg的重量
↓
100N

10kg的重量為100N

重量100N
（10kg的米）

● 到附近超市看看可以發現，米大多是以5kg及10kg為一袋販售。因為10kg左右是買東西可持重量的極限。如果是15kg或20kg就太重了，無法在超市販售。150N、200N對於買東西來說太重了。

Q 如何以N（牛頓）表示20kg重的水泥？

▼

A 約200N。

若是小規模的工程，基本上不會從混凝土工廠以攪拌車送來水泥砂漿（水泥與砂混合而成）、混凝土（水泥、砂、礫石等混合而成）等，而是在現場以袋裝水泥自行混合製成。因此，水泥、砂、礫石會分成20kg或25kg等，可讓人搬動的重量來銷售。

- 水泥是20kg、25kg一袋，砂、礫石多是20kg一袋。這是人可以搬動的重量極限，即肩膀的承重極限為200N、250N左右。
- 從賣場買回水泥、砂、礫石後，以鐵鏟混合調製成混凝土來使用。印象中20kg的水泥重量不輕。讀者不妨到賣場搬起一袋水泥，親身體驗200N的重量吧。

Q 如何以N（牛頓）表示1m³水的重量1t（噸）？

A 約10000N（10kN：kilo Newton，千牛頓）。

1t的重量是1000kg，以牛頓表示就是乘以10倍，即10000N＝10×1000N＝10kN。

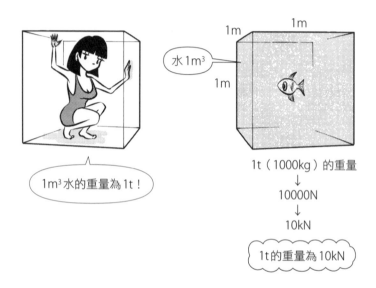

1m³水的重量為1t！

水 1m³

1m
1m
1m
1m

1t（1000kg）的重量
↓
10000N
↓
10kN

1t的重量為10kN

● 比重1表示該物與水相比的重量為水的1倍，1cm³的重量為1g。「比重1」的1，是對應於1t/m³的「1」。以t（噸）表示時，直接用1t，簡單明瞭，使用牛頓的話就變成有點複雜的10kN/m³。請記住1t的重量＝10kN，水1m³的重量為1t。

Q 如何以N（牛頓）表示 1m³ 鋼筋混凝土的重量2.4t（噸）？
▼
A 約24kN（千牛頓）。

鋼筋混凝土的重量約為水的2.4倍（比重2.4），因此 1m³ 的重量為2.4t，即24kN。

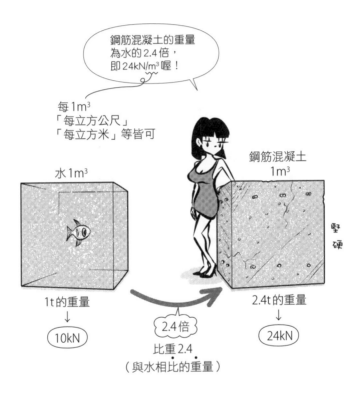

- 沒有鋼筋的混凝土比較輕，重量為水的2.3倍（比重2.3），1m³ 的重量為2.3t，即23kN。請記住鋼筋混凝土的重量為水的2.4倍，混凝土的重量則為水的2.3倍。鋼筋混凝土的2.4t會因鋼筋量而略有不同。
- 水的重量為 1 時，鋼筋混凝土為2.4，混凝土為2.3。2.4、2.3為與水相「比」的「重」量，故稱比重。

Q 如何以N（牛頓）表示 1m³ 鋼的重量 7.85t（噸）？

▼

A 約 78.5kN（千牛頓）。

鋼的重量為水的 7.85 倍（比重 7.85），是頗重的物質。水的重量為 1 時，鋼筋混凝土約為 2.4，鋼約為 7.85，相當於比重。

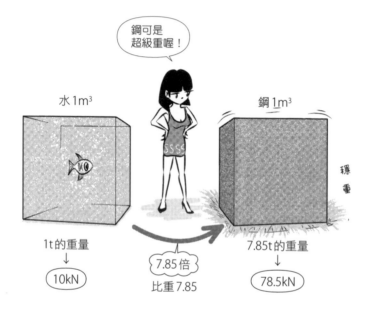

- 一般來說，S造的建物比RC造來得輕，因為鋼骨的強度較高，可以用較薄的厚度來組成柱梁等結構。RC造的柱梁紮實地以混凝土灌注而成，S造的柱可為中空，梁則為H型鋼。由於厚度都很薄，所以S造總重比較輕。
- 鋼（steel）為鐵（iron）的碳含量在 0.15～0.6% 左右，黏性較強的鐵。日常生活中的鐵，幾乎都是鋼。鋼骨造應該稱為鋼結構才對。S造的S是 steel 的字首。

Q 如何以N（牛頓）表示 1m³ 木的重量0.5t（噸）？

▼

A 約5kN（千牛頓）。

■ 木會浮在水面上，因此比重比水小。杉木、檜木的比重為0.4左右，松木為0.6左右。

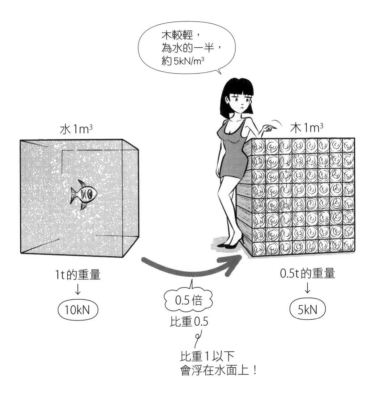

• 比重比 1 小的東西會浮在水面上，比 1 大的會沉下去。木的比重雖然只有0.5左右，但是強度很高，比強度（強度/比重）的大小順序為木＞鋼＞混凝土。木的缺點為不防火、怕腐蝕、蟲蝕等侵害，但優點是質輕且高強度，所以仍然常作為結構材使用。

Q 如何以N（牛頓）表示 1m³ 玻璃的重量 2.5t（噸）？

▼

A 約 25kN（千牛頓）。

玻璃的重量約為水的 2.5 倍，比重 2.5。透明玻璃看起來很輕，實際上與鋼筋混凝土差不多重，稍大片一點的玻璃，一個人是扛不動的。

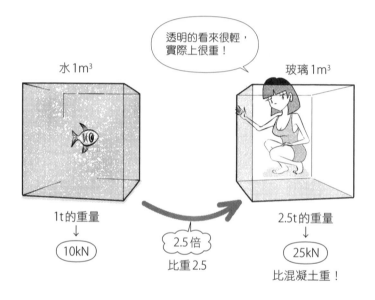

- 除了一般的浮法玻璃（float glass）之外，還有加入鉛的玻璃，其比重大約是4左右。浮法玻璃是將熔融玻璃放入置有熔融金屬的大型池中（浮在其上），製作出平滑的表面，是最普遍的玻璃。
- 有時也會使用輕巧不易破損的樹脂代替玻璃，但缺點是遇熱易融化。而且樹脂不像玻璃這麼硬，表面容易損傷。

Q 如何以N（牛頓）表示小型車 1t（噸）的重量？

▼

A 約 10kN（千牛頓）。

 小型車是我們最常見的 1t 重物品。輕型車大約 1t 以下，一般普通的轎車則是 1~1.5t 之間。

● 筆者的車為 Subaru Sambar 輕型箱型車，可以承載合板甚至是流理台，而且停車方便，可謂物超所值。重量約 1t 以下。體型稍微大一點的牛、馬也可能到 1t。就記住小型車的重量約 1t 吧。

Q 質量 1kg 的物品的「重量」是多少？

▼

A 1kgf（kilogram force，千克力、公斤力）。

1kg 為質量的單位，作用在 1kg 質量物體上的重力為 1kgf。重量的大小是
受到地球引力的影響，質量則是物體擁有的物質的分量。

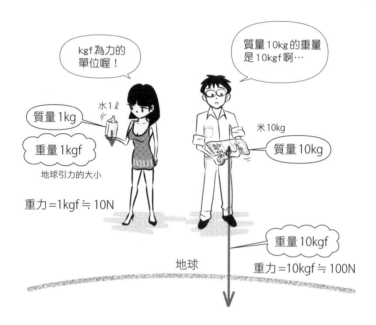

- 一般來說，kg 是「重量」的單位，物理學上正確的表示方式為 kgf。kgf 的 f 是
  force（力）的意思。kgf 也可唸作公斤力。
- 1kgf 也可以寫成 1kg 重。「重」是指重力的重。
- 質量為表示慣性大小的分量。慣性是指使物體產生加速的難易程度。1kg 的質量
  不管在地球、月球或整個宇宙空間中都是一樣的，要使之產生同樣的加速度必須
  施以相同的力。另一方面，同樣是 1kg 的物體，在不同的天體環境下，其重量會
  依引力的不同而改變，比如月球上的重量比地球上來得小，因為月球的引力比地
  球小的緣故。

Q 質量 lt（噸）的物品的「重量」是多少？

▼

A ltf（ton force，噸力）。

lt 為質量的單位，作用在 lt 質量物體上的重力為 ltf。ltf 的重量是表示受到地球引力的大小，質量 lt 則是物體擁有的物質的分量。

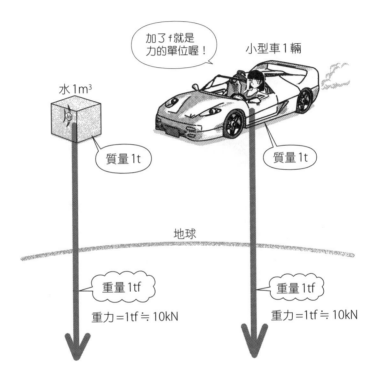

●水 lm³ 的質量為 lt，重量為 ltf；同樣地，小型車質量為 lt，重量也是 ltf。

Q 力＝質量 × □ 的空格是什麼？

▼

A 加速度。

在質量上施加加速度後，物體會產生運動的力量。力＝質量 × 加速度稱之為「**牛頓運動方程式**」。記號分別是 F（force，力）、m（mass，質量）、a（acceleration，加速度，或以希臘字母 α 表示），整個方程式為 $F = ma$。

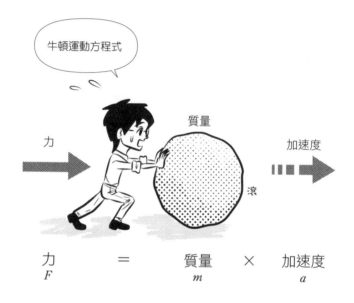

牛頓運動方程式

力　　　　　　質量　　　　　　　加速度

力　　　　　＝　　　　質量　　　×　　　加速度
F　　　　　　　　　　m　　　　　　　　a

- 牛頓的單位及其他許多方程式，都是從這個運動方程式而來。要好好記住這個運動方程式喔。
- 加速度是指速度的增加（減少）程度。即 1 秒間速度增加（減少）多少 m/s 的意思。例如開車時，若是踩油門就會產生正的加速度，踩煞車會產生負的加速度。

$\mathbf{Q}$ 讓1kg的質量產生1m/s²（公尺秒平方或秒平方公尺）的加速度需要多少的力？

$\mathbf{A}$ 1N（牛頓）。

🔲 將數字代入運動方程式「力＝質量×加速度」，力＝1kg×1m/s²＝1kg·m/s²。kg·m/s²的單位定義為牛頓N。簡單來說，這個公式就是牛頓的定義。

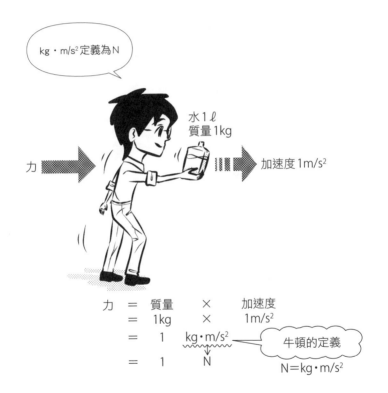

力　＝　質量　×　加速度
　　＝　1kg　×　1m/s²
　　＝　1　kg·m/s² ——〔牛頓的定義〕
　　＝　1　N　　　　　　N＝kg·m/s²

- 由運動方程式可以定義出牛頓的單位。請將N＝1kg·m/s²與運動方程式一起記下來吧。
- 原本m（meter）的定義是地球上弧長的幾分之1，由於這樣太大了，當然很難對牛頓這個單位有實感。gram（公克）是從水1cm³、kilogram（公斤）是從水1ℓ（1000cm³）的質量定義而來，是比較容易有實感的單位。

Q 重力加速度為 10m/s² 時，1kgf（公斤力）是多少N（牛頓）？

▼

A 10N。

1kgf是質量 1kg的物品所受的重力（參見R069），力＝質量 × 加速度＝ 1kg×10m/s² ＝ 10kg·m/s² ＝ 10N。更正確地説，重力加速度為 9.8m/s²，因此應該是 9.8N。

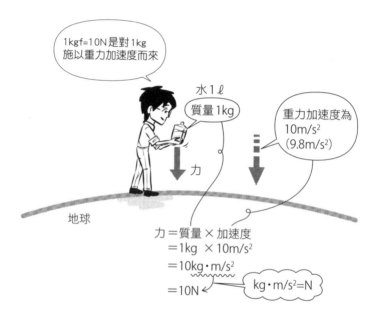

- 至今的解説中，提到「1kg的重量」，記號都是 1kgf。以 N（牛頓）表示就是 9.8N，約 10N。水 1ℓ 的質量為 1kg，重量可表示成 1kgf、9.8N、約 10N 等。
- 1m/s²（公尺秒平方）的加速度到底是多少呢？為了方便了解，讓我們換算成車子的時速（km/h）來解説。1m/s² ＝ 1m/s·1/s，表示 1秒增加 1m/s 的速度。將此秒速 1m/s 換算成時速，可以得到 $\frac{\frac{1}{1000} \cdot km}{\frac{1}{3600} \cdot h}$ ＝ 3.6km/h，即 1秒間增加時速 3.6km 的加速度。踩油門後數「1」放開，靜止的車輛會加速至時速 3.6km，原本時速 40km 的車輛則些微增加到時速 43.6km。筆者用自己的車做過實驗，其實加速的幅度不是很大。

Q 重力加速度為10m/s²時，1tf（噸力）是多少N（牛頓）？

▼

A 10000N＝10kN（千牛頓）。

1tf是質量1t的物品所受的重力，力＝質量×加速度＝1t×10m/s²＝1000kg×10m/s²＝10000kg·m/s²＝10000N＝10kN。重力加速度若使用9.8m/s²，就是9.8kN。

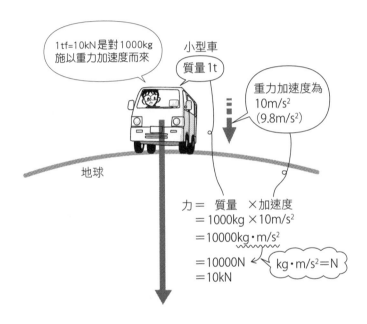

- 1t的車的重量為1tf，轉換成牛頓＝10000N＝10kN。
- 重力加速度10m/s²的加速度是多少，同樣以前述的開車時速來解說。10m/s²＝10m/s·1/s，表示1秒間增加10m/s的加速度。將此10m/s換算成時速，可以得到 $\dfrac{\frac{10}{1000}\cdot km}{\frac{1}{3600}\cdot h}$＝36km/h，即1秒間增加時速36km的加速度。踩油門後數「1」放開，靜止的車輛會加速至時速36km，原本時速40km的車輛則增加到時速76km。這樣的加速度相當大，性能很好的車才能實現。

Q 地基承載力 1000kN/m² 的岩盤、50kN/m² 的壞土層，每 1m² 可以承載多少 tf 的重量？

▼

A 岩盤為 100tf，壞土層可到 5tf。

地基承載力是指地面可以承受的重量，用以表示地面的強弱程度。重力加速度 $G = 10m/s^2$ 時，$1tf = 10kN$，$1000kN/m^2 = 100tf/m^2$，$50kN/m^2 = 5tf/m^2$。因此，每 1m² 岩盤可承重 100t 的重量，每 1m² 壞土層可承重 5t 的重量。

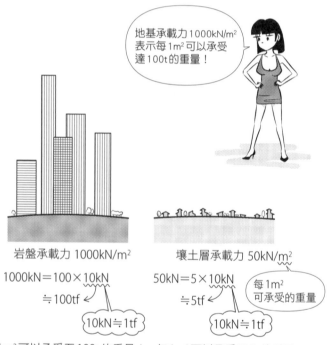

地基承載力 1000kN/m²
表示每 1m² 可以承受
達 100t 的重量！

岩盤承載力 1000kN/m²

1000kN = 100 × 10kN
≒ 100tf

10kN ≒ 1tf

每 1m² 可以承受至 100t 的重量！

壞土層承載力 50kN/m²

50kN = 5 × 10kN
≒ 5tf

每 1m²
可承受的重量

10kN ≒ 1tf

每 1m² 可以承受至 5t 的重量！

● 岩盤是最強的地盤，曼哈頓和香港之所以高樓大廈林立，就是因為地盤為岩盤的關係。壞土層是由火山灰堆積，經過長時間硬化而成的地盤。日本關東地區的台地或丘陵地常見的紅土，稱為關東壞土層，是由富士山、淺間山、赤城山等噴發的火山灰堆積後，硬固而成的地層。上述數字取自日本建築基準法。

Q RC造（鋼筋混凝土造）的地板每1m^{2}的重量是多少？

▼

A 大約1tf（10kN）。

建物除了本體荷重（**固定荷重**，或稱自重）之外，還有承載物品的荷重（**承載荷重**），因此只能約略抓個數值。一樓由於有基礎梁或板等結構會較重，大概是1.5tf＝15kN左右。S造（鋼骨造）約是少2成的0.8tf左右，木造則是1/4的0.25tf左右。

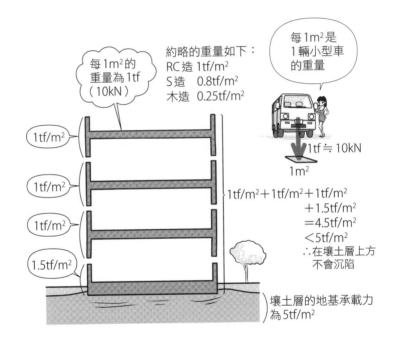

每1m^{2}的重量為1tf（10kN）

約略的重量如下：
RC造　1tf/m^2
S造　　0.8tf/m^2
木造　0.25tf/m^2

每1m^{2}是1輛小型車的重量

1tf≒10kN
1m^2

1tf/m^2

1tf/m^2

1tf/m^2

1.5tf/m^2

1tf/m^2＋1tf/m^2＋1tf/m^2
　　＋1.5tf/m^2
＝4.5tf/m^2
＜5tf/m^2
∴在壞土層上方
　不會沉陷

壞土層的地基承載力為5tf/m^2

● 這裡所述的重量沒有經過結構計算，只是概略的計算，但在進行初步設計時相當有用。地板每1m^{2}為1tf，也就是每1m^{2}承載1輛小型車的重量。

● 設計RC造的三層建築時，建物整體的重量大致是每1m^{2}為1＋1＋1＋1.5＝4.5tf。若為地基承載力5tf的壞土層，就可以使用耐壓板來支撐底面整體。

Q 在柱以上的質量為 40t 的建物，若是受到加速度為 0.2G（G：重力加速度＝約 10m/s²）的水平地震作用時，柱所承受的地震水平力是多少？

▼

A 地震的加速度為 0.2G＝0.2×10m/s²＝2m/s²。地震的水平力＝40t×2m/s² ＝40000kg×2m/s²＝80000kg・m/s²＝80000N＝80kN。

🔲 地震的加速度常以重力加速度 G 的幾倍來表示。即 10m/s²（9.8m/s²）的幾倍加速度，再以運動方程式：力＝質量×加速度來計算其作用力。

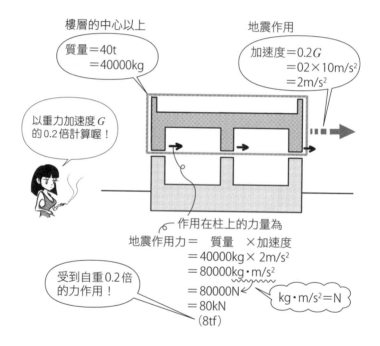

樓層的中心以上

質量＝40t
　　＝40000kg

地震作用

加速度＝0.2G
　　　＝02×10m/s²
　　　＝2m/s²

以重力加速度 G
的 0.2 倍計算喔！

作用在柱上的力量為

地震作用力＝　質量　×加速度
　　　　　＝40000kg×2m/s²
　　　　　＝80000kg・m/s²
　　　　　＝80000N
　　　　　＝80kN
　　　　　（8tf）

受到自重 0.2 倍
的力作用！

kg・m/s²＝N

- 加速度作用在樓層的中心以上，一般來說會計算作用在該層每個柱或牆壁上的水平力。
- 以重力加速度的幾倍表示的數值稱為「震度」，但在 1981 年頒布的日本新耐震設計法中，改以「層剪力」來表示。基本上層剪力也是以重力加速度的幾倍來表示的數值。地震力的計算亦可使用修正過的 0.2G。
- 過去用來進行結構計算，相當於「震度」的幾倍 G，不同於日本氣象廳所發布的震度 3、4 之類的「震度階級（震度階）」。震度階級是依據人對地震的感覺和損害狀況來決定的數值，為日本獨有的度量。地震加速度常用的單位「伽」（gal），取自 16 世紀義大利科學家伽利略（Galileo Galilei）之名，指 cm/s²。可換算成 1gal＝1cm/s²＝0.01m/s²。

Q 在柱以上的質量為50t和12.5t的建物,若是受到加速度為0.2*G*(*G*:重力加速度=約10m/s²)的水平地震作用時,柱與牆壁分別承受多少地震水平力?

▼

A 地震的加速度為0.2*G* = 0.2×10m/s² = 2m/s²,因此
質量50t的建物的地震力 = 50000kg×2m/s² = 100000kg·m/s² = 100000N
= 100kN。
質量12.5t的建物的地震力 = 12500kg×2m/s² = 25000kg·m/s² = 25000N
= 25kN。

受到相同的地震加速度0.2*G*作用時,根據質量的不同,所受到的地震力大小也不同。質量為2倍時,地震力也是2倍。RC造的質量約為木造的4倍,因此地震力也會是4倍。

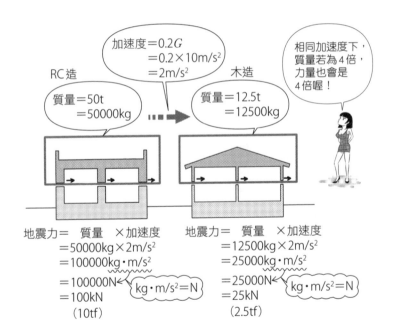

• 即使同樣是木造,以磚瓦鋪設的屋頂會比金屬板的屋頂來得重(質量較大),承受的地震力也會比較大。若單是考量地震的影響,設置較輕的屋頂比較好。
• 地面往右移動時,建物會產生往左的加速度;地面往左移動時,建物則是產生往右的加速度。

Q 將下表左列的kgf轉換成N吧。重力加速度用10m/s²。

▼

A 答案在表的最右邊。

要能順暢答題
才行喔！

		運動方程式	N值
體重 □kgf		□kg×10m/s² =10×□kg・m/s²	10×□N
蘋果 0.1kgf		0.1kg×10m/s² =1kg・m/s²	1N
水1ℓ 1kgf		1kg×10m/s² =10kg・m/s²	10N
米 10kgf		10kg×10m/s² =100kg・m/s²	100N
水泥 20kgf		20kg×10m/s² =200kg・m/s²	200N

● 在本篇章最後來做個統整吧。自己的體重、0.1kgf、1kgf、10kgf等的代表數值，或是次頁所述的水、RC、鋼、木等代表素材的數值等，都要很順暢地回答喔。

Q 將下表左列的材料重量以tf與N表示吧。重力加速度用10m/s²。

▼

A 答案在表的最右邊。

		水的幾倍 （比重）tf	運動方程式	k為1000倍
水1m³		(1) 1tf	1000kg×10m/s² =10000kg·m/s²	10kN
鋼筋混凝土1m³		(2.4) 2.4tf	2400kg×10m/s² =24000kg·m/s²	24kN
鋼1m³		(7.85) 7.85tf	7850kg×10m/s² =78500kg·m/s²	78.5kN
木1m³		(0.5) 0.5tf	500kg×10m/s² =5000kg·m/s²	5kN
玻璃1m³		(2.5) 2.5tf	2500kg×10m/s² =25000kg·m/s²	25kN

以比重來記很方便喔！

Q 力的三要素是什麼？

▼

A 大小、方向、作用點。

100N、10kgf等力的大小，往右45°等力的方向，作用在梁中央部等力的作用點，就是決定一個力的三要素。若是缺少其中一項，就無法決定一個特定的力。

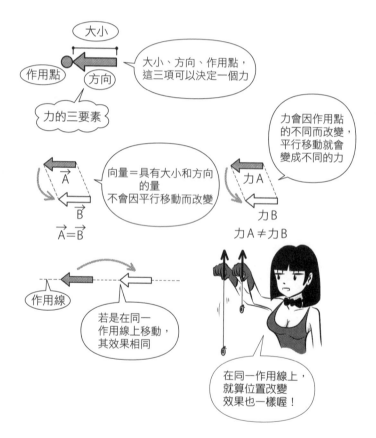

- 力的作用點與方向合起來稱為作用線。力在作用線上移動時，效果相同。偏離作用線時，就變成不同的力。例如拉一條線或壓一根棒子的時候，力若是同樣大小及方向，就算改變位置還是一樣的力。
- 向量具有力的大小和方向（以帶有箭頭的線段表示）。但要注意平行移動後，向量還是同樣的量，但力就會變成不同的力了。當力移動組合成三角形計算合力時，要特別注意考量作用點的位置。

Q 力矩是什麼？

▼

A 使物體產生轉動的作用力。

計算式為力矩＝力×距離。在力相同的情況下，距離越長，力矩越大。
只有垂直於軸方向的作用力會產生力矩（torque, moment）。

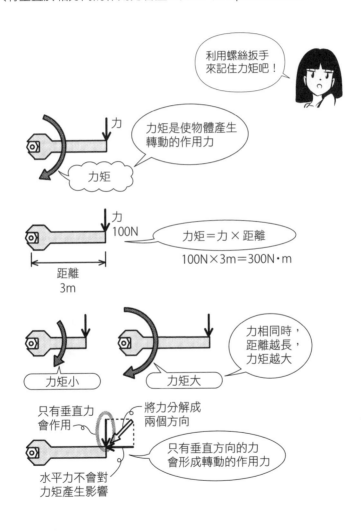

利用螺絲扳手
來記住力矩吧！

力矩是使物體產生
轉動的作用力

力矩

力
100N

力矩＝力×距離

100N×3m＝300N・m

距離
3m

力矩小　　　力矩大

力相同時，
距離越長，
力矩越大

只有垂直力
會作用

將力分解成
兩個方向

只有垂直方向的力
會形成轉動的作用力

水平力不會對
力矩產生影響

3

力的基本說明

Q 槓桿或天秤的左右支點，其力矩互相平衡嗎？

▼

A 互相平衡。

■ 力矩是使物體轉動的作用力，以力×距離計算其大小。轉動螺絲扳手時，手握在越外側越容易旋轉，就是因為距離越長，力矩越大。

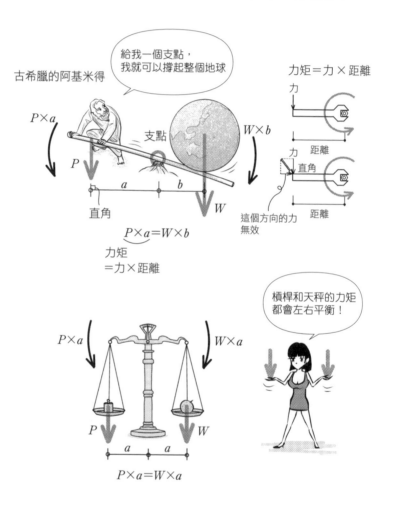

● 力是用與距離成直角的部分來計算。斜向使用螺絲扳手時，並不是所有的力都是有效力。

Q 力偶是什麼？

▼

A 平行且大小相等、方向相反的一對力。

旋轉水龍頭或以兩手操控方向盤時，所產生的兩個力就是力偶（couple）。力偶為旋轉力矩的一種，不管從哪一點計算，（單邊力的大小）×（兩力的距離），都會得到相同大小的力矩。

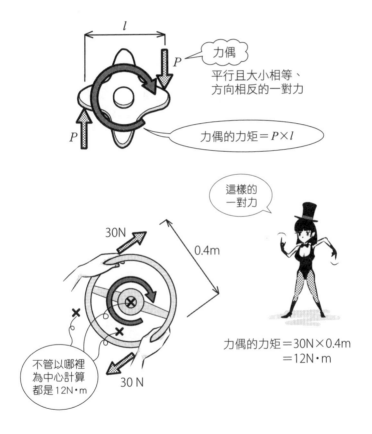

● 一般來說，複數的力可以將之合成一個力，力偶則無法合成一個力。

Q 反力是什麼？

▼

A 用以反抗荷重，支撐結構物的作用力。

由於是反抗的力量，所以稱為反力（reaction）。通常是反抗重力，與之
互相平衡。除了重力之外，還有風或地震等的橫向作用力也會造成反
力。若是平衡被破壞，結構物就會開始移動。

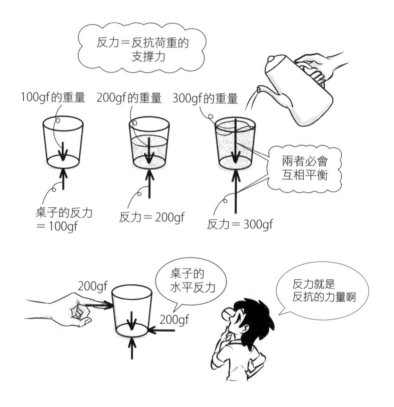

• 靜止的物體受到來自外力的作用時，必會與反力達成平衡。若無法平衡，就會產
生加速度使物體移動。以建築的情況來說，作為外力的荷重與反力一定會達到平
衡的狀態。

Q 支點是什麼？有哪些種類？

A 支撐結構物的點稱為支點，包括剛支承、鉸支承、滾支承三種。

前面已經用木造柱說明這三種支點形式（參見R003），支點只有這三種。剛支承是完全固定、拘束住的支點，鉸支承是可轉動的支點，滾支承是既可轉動亦可橫向移動的支點。簡支梁是以鉸支承和滾支承構成，懸臂梁則是以剛支承作為支點。

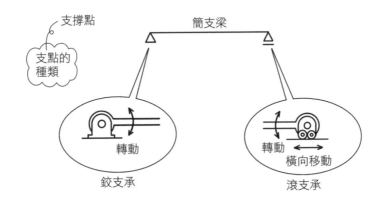

• 實際上建物以剛支承居多，柱或梁的拘束較少時，也有將之視為鉸支承的情況。

Q 三種支承的反力如何作用？

▼

A 如下圖，在可動方向不會受到反力作用，受拘束的方向會受反力作用。

就像「推動布簾」一樣，可動方向不會有反力作用。鉸支承可以轉動，因此在轉動方向不受反力作用。滾支承是既可轉動亦可橫向移動，因此在轉動方向及橫向皆不受反力作用。剛支承無法移動，因此在其上下左右及轉動方向都受到反力的作用。

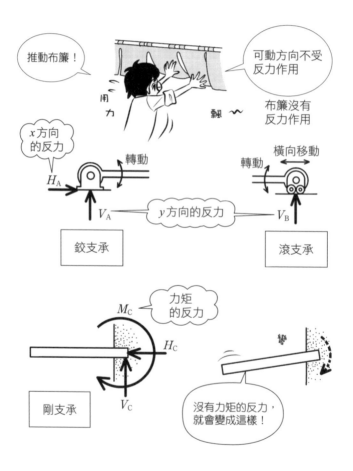

● 轉動方向所承受的反力作用，是指受到不使之轉動的力矩作用（使之無法轉動的力的效果）。

Q 滾支承、鉸支承、剛支承的反力數是多少？

▼

A 分別是1、2、3。

x方向和y方向的反力要分別計算。使之無法轉動的力矩反力也要另外計算。

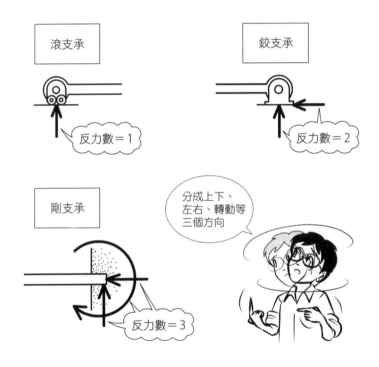

滾支承

反力數＝1

鉸支承

反力數＝2

剛支承

分成上下、左右、轉動等三個方向

反力數＝3

● 反力數可以用判別式計算。x方向、y方向的反力雖然可以合成一個力，但是要分開計算成兩個。就算單邊的反力大小為0，反力數也是2。

Q 承受下圖左側荷重的結構體，其反力如何作用？

▼

A 結果如右側圖示。

求反力時可以假設為 V_A、H_A、V_B、M_C 等，結構體整體的 x 方向（$\Sigma x=0$）及 y 方向（$\Sigma y=0$）皆要達到力平衡，任意一個點的力矩也要達到力矩平衡（$\Sigma M=0$），即可求得反力。

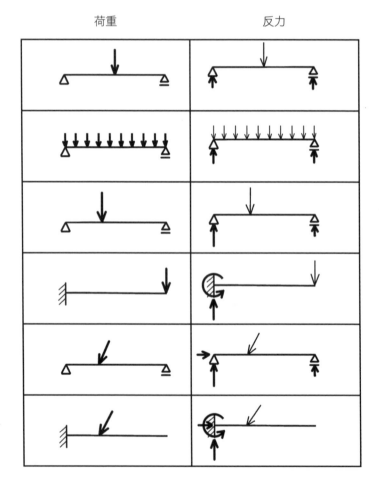

荷重　　　　　　　　　　反力

● 反力記號 V 取自 vertical（垂直的）、H 取自 horizontal（水平的）、M 為 moment（力矩）。

Q 力平衡的條件除了 x 方向（$\Sigma x = 0$）與 y 方向（$\Sigma y = 0$）的力平衡之外，為什麼還要有任意一點的力矩平衡（$\Sigma M = 0$）？

▼

A 因為即使 x、y 方向達到力平衡，也可能有產生力偶的情形。

力偶為力量在 x、y 方向達到力平衡，但不是作用在同一作用線上，形成會轉動的狀態。因此，物體靜止的條件除了 $\Sigma x = 0$、$\Sigma y = 0$ 之外，還必須 $\Sigma M = 0$。

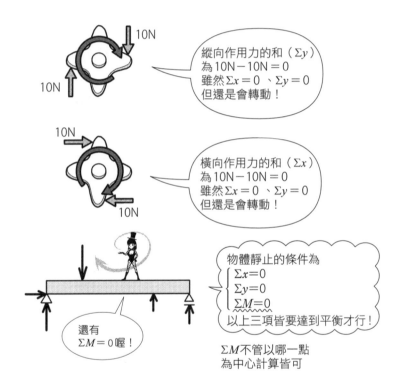

Q 集中荷重、均布荷重是什麼？

▼

A 荷重集中在 1 點者，稱為集中荷重；荷重若是以每 1m 長或每 1m² 面積
為單位均勻分布者，稱為均布荷重。

 梁上若是承載 1 人，就是集中荷重；若是以等間隔承載好幾個相同體重
的人，就是均布荷重。

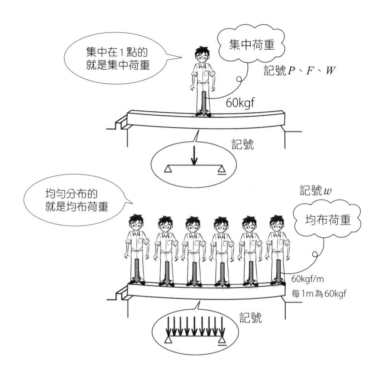

- 相對於集中荷重的單位為 tf 或 kN 等，均布荷重為 tf/m、kN/m 等每單位長度的
  力，或是 tf/m²、kN/m² 等每單位面積的力。
- 集中荷重的記號用 P（power）、F（force）、W（weight）等表示，均布荷重的記
  號則常用 w 表示。

Q 5kN/m的均布荷重作用在長4m的物體上時,如何以集中荷重表示?

▼

A 即4m的中央有5kN/m×4m＝20kN的集中荷重作用。

作用在均布荷重的重量中心＝重心,其合計的力量＝合力,效果等同於集中荷重。

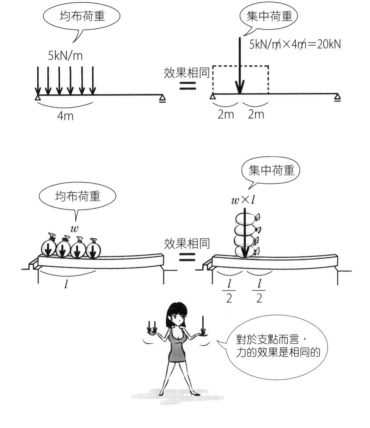

- 單位為kN/m×m＝kN時,m消去,成為力的單位。物理量的計算都附有單位,比較不容易出錯。
- 若是均變荷重(參見R093),要先以三角形的面積計算出荷重,集中荷重作用位置是在三角形的重心位置(高度×$\frac{1}{3}$處)。均變荷重若是梯形,可以分為三角形和長方形,分別計算兩者的集中荷重及重心位置。

Q 均變荷重是什麼？

▼

A 荷重以相同比例變化的均布荷重。

常指三角形、梯形等的均布荷重。例如將樓板承受的重量分布至梁時，其重量分布即為均變荷重。

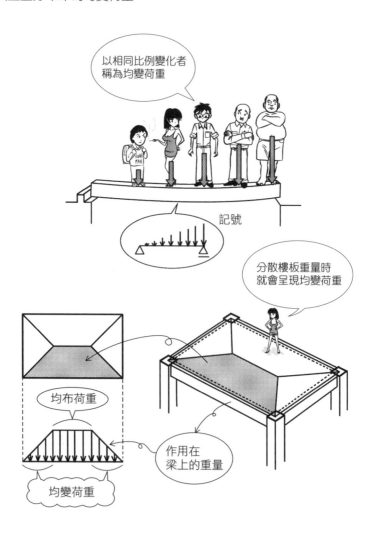

Q 內力是什麼？

▼

A 因應外力作用，從物體「內」部產生的「力」。

從物體外部來的力稱為**外力**，物體內部產生的力則為內力。如下圖，從上下壓住橡皮擦時，手指施加在橡皮擦上的力就是外力，橡皮擦內部產生的力則是內力。

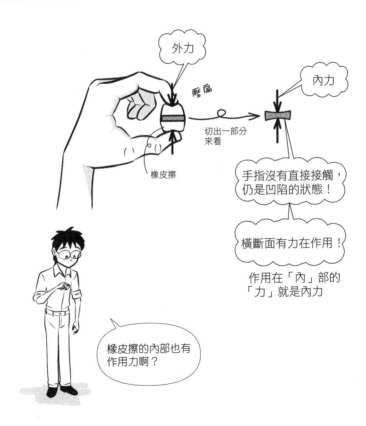

- 大家知道為什麼橡皮擦內部也有力在作用嗎？將橡皮擦切出一小塊薄片來看，每一塊都有被壓扁的感覺。此一變形是由於上下施加壓力的關係，但是手指並沒有直接接觸到薄片。有變形就表示此切斷面有力在作用。作用在切斷面上的力就是內力，是從手指傳遞過去的力。

Q 以1kgf的力擠壓橡皮擦時，內力是多少？

▼

A 與外力平衡的1kgf。

把橡皮擦從正中央切開，先考量下半部的力作用。下方是手指向上，以1kgf的力擠壓橡皮擦。為了平衡此一外力的作用，上方的切斷面會有向下1kgf的力作用。這個力就是物體內部產生的內力。

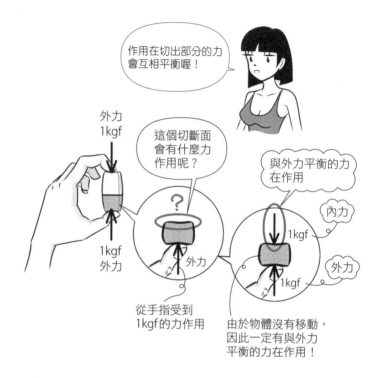

- 力不平衡時，物體會產生加速度移動。由於橡皮擦保持靜止狀態，表示不管切出橡皮擦的哪個部分，內部都有力在作用。請注意看切出來的部分，一定都有與外力平衡的力作用。
- 手指作用在橡皮擦上下的力＝外力，其大小相等、方向相反，兩者互相平衡。而內力也會與外力平衡。考量內力時，要將切出的部分視為一個物體，作用在切斷面的力會與外力平衡，這樣就可以清楚得知內力的作用了。

Q 應力是什麼？
　〔譯註：本篇的應力即指內力，為內力的另一種說法，非指內力除以面積所得之應力，日本是以應力度（內力的密度）來表示力學的應力〕

▼

A 就是指內力。

🔲 物體內部因「應」外力所產生的「力」，就是應力。內力與應力意思相同。

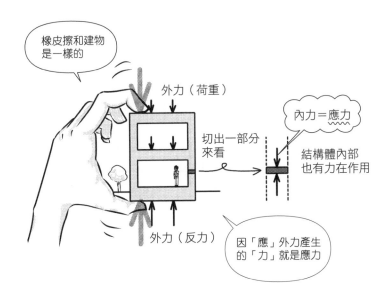

- 作用在建物上的外力有荷重和反力。建物本身的重量（固定荷重）、建物中的物品重量（承載荷重），以及受到雪、風、地震等的荷重作用，從地面會有與荷重平衡的反力作用。而針對這些外力，在柱、梁、樓板、牆壁等處都會產生內力＝應力。
- 應力到底是什麼？學生們常常有此疑問。物理上其實都是稱為內力，為何不乾脆全部統一成內力就好，如此一來，疑問應該會減少1/10左右吧。附帶一提，在材料力學中，是將斷面積上的每單位面積的內力稱為應力。

Q 內力有哪些種類？
▼

A 彎矩 M、壓力 N、拉力 N、剪力 Q 等。

比較起來，壓力與拉力比較簡單，容易理解。彎矩和剪力就需要花點工夫了。先記住有四種內力吧。

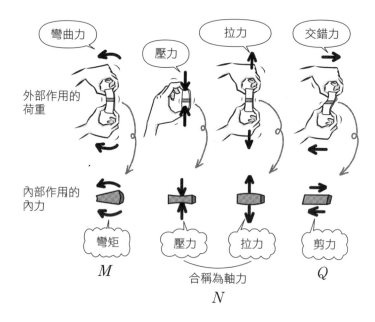

- 壓縮所產生的內力也叫作壓力。壓力與拉力亦可合稱為軸力。除了上述四種內力之外，還有扭力。
- 內力的記號分別為彎矩 M（moment）、軸力 N（normal kraft，德文）、剪力 Q（quer kraft，德文），從現在開始習慣吧。
- 因應外力作用所產生的物理量，就是內力及變形（deformation）。

Q 細柱與粗柱承受相同的重量作用時，哪一個受到的單位面積內力較大？

▼

A 細柱。

細柱的面積較小，因此每 1mm²、每 1cm² 受到的內力較大。所以細柱比較容易破壞。若要知道多大的力才會破壞，需要取出斷面積來考量力的密度。內部作用的力＝內力的密度稱為應力。

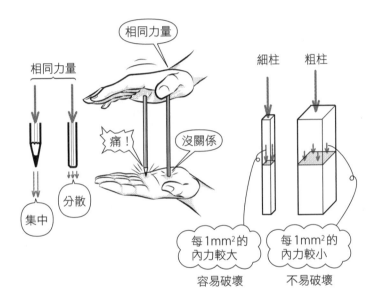

- 將削好的鉛筆和沒削的鉛筆同時放在手上，施加相同的力量，削好的筆尖會讓手很痛。由於筆尖的面積較小，力量會集中在一點，因此筆尖很容易折斷。
- 應力的概念和人口密度一樣，意指內力的密度。相同的人口數量下，也會有土地狹小則人口集中、土地寬廣則人口分散的兩種不同密度情況。力也一樣，可以除以面積來考量密度。

Q 應力是什麼？

▼

A 每單位斷面積的內力。

內力的密度稱為應力。以 $\dfrac{內力}{斷面積}$ 求得。和人口密度的意思相同，為每單位面積的內力。可以知道材料的各部位有多少力在作用。

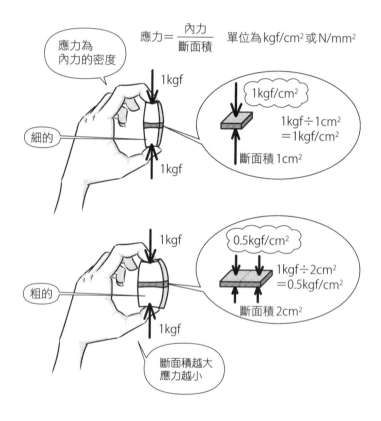

● 橡皮擦受到 1kgf 的內力作用，斷面積為 1cm² 的情況下，應力為 1kgf/cm²；斷面積若為 2cm²，則變成 0.5kgf/cm²。斷面積越大，應力越小，橡皮擦比較不容易破壞。
● 建築中常以 N/mm² 表示應力。

Q 在梁中央附近的彎矩 M 會如何作用？

▼

A 使梁的下側突出，上側凹陷。

切出一部分，考量兩側有力矩作用的情況。作用在兩側的力為一對大小相等、方向相反的力矩，稱之為彎矩。如下圖，將作用在兩側的力想成螺絲扳手的話，就很容易理解了。

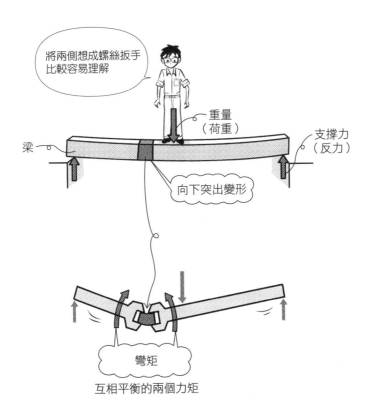

將兩側想成螺絲扳手比較容易理解

重量（荷重）

支撐力（反力）

梁

向下突出變形

彎矩

互相平衡的兩個力矩

- 力矩是使物體產生轉動的作用力，「力矩的大小＝力 × 距離」。彎矩則如上圖的螺絲扳手所示，兩側為一對大小相等、旋轉方向相反的力矩，兩者互相平衡。
- 不論從建物的哪個部分切出來，作用的彎矩都會互相平衡。若不平衡，物體會產生加速度移動。由於建物並沒有移動，可知是平衡的狀態。

Q 梁端部若是以直角與柱接合（剛接，參見R005），梁端部附近的彎矩 M 會如何作用？

▼

A 使梁的上側突出，下側凹陷。

前頁的圖解由於梁的兩端不是剛接，因此兩端不會有彎曲力作用。一般的梁端部會被柱拘束住，因此梁會受到向上突出的彎矩作用。

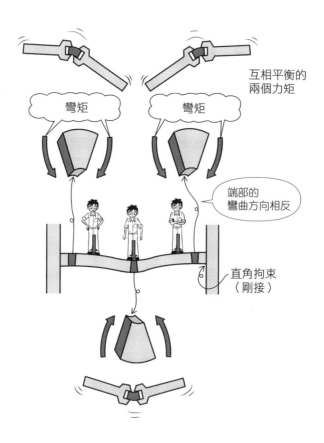

● 柱、梁的接合部以直角固定（剛接）的結構，稱為構架結構。梁承受均布荷重或均變荷重時，一般都是考量其內力作用。

Q 彎矩圖（*M*圖）、剪力圖（*Q*圖）是什麼？

▼

A 描繪出像是承載在結構體上的圖解，可得知彎矩 *M*、剪力 *Q* 的大小。

一般來説，*M*會畫在梁的突出側，*Q*以順時針為正畫在梁的上方，柱則是畫在左邊。

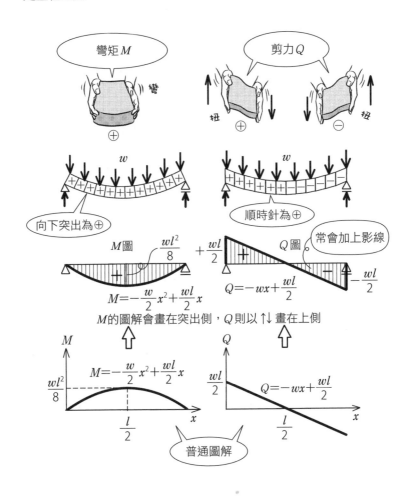

●關於剪力圖請參見R107。

Q 彎矩圖（M圖）會畫在梁的哪一側？

A M圖會畫在梁的拉力側，也就是梁的突出側。

梁的哪一側受拉力作用相當重要，M圖一定是畫在拉力側。拉力側就是梁變形的突出側，變形的突出形狀可以與圖解互相呼應。

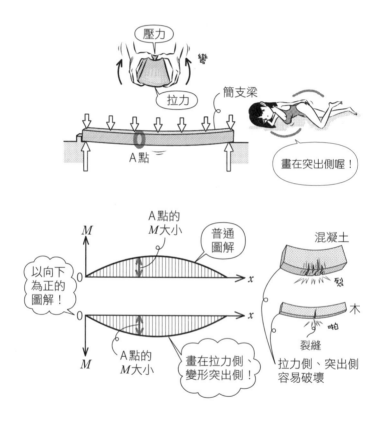

● 鋼材的抗壓強度和抗拉強度都很強，混凝土則是抗拉較弱，如果不加入鋼材（鋼筋）予以補強，梁很容易彎折破壞。木造梁若是在拉力側用鋸子割出裂縫，該處很容易造成梁彎折斷裂。因此，拉力側的續接（縱向接合）必須以金屬構件確實接合。壓力側即使有裂縫或接縫，也不會像拉力側這麼嚴重。

● 柱的情況也一樣，將M圖畫在拉力側、突出側。

Q 承受均布荷重，梁與柱為直角接合（剛接）時，彎矩圖（M圖）是什麼
形狀？

▼

A 如下圖的曲線。

以一條橫線表示梁，從橫線往梁的突出側，以彎矩大小為高度畫出曲
線。

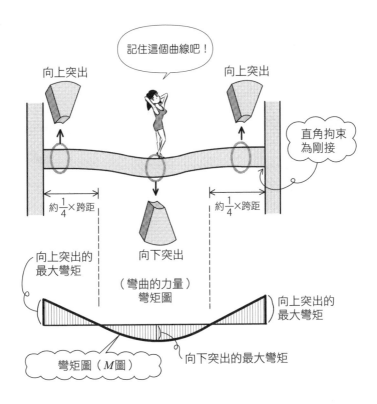

- 均布荷重作用的 M 圖形狀為 2 次曲線（拋物線），均變荷重則成為 3 次曲線。梁
  的變形方式與彎矩圖的大致形狀，請對應後一起記下來吧。
- 若是加入地震等的水平力作用，彎矩圖會變得完全不同。

Q 梁與柱以直角拘束（剛接），受到水平力作用時，彎矩圖（*M*圖）是什麼形狀？

A 如下圖的直線。

向右的力作用時，柱會往右邊傾，梁端部受到轉動的力作用，變形成S型。左端部向下突出的彎矩為最大，另一側是向上突出的彎矩為最大。

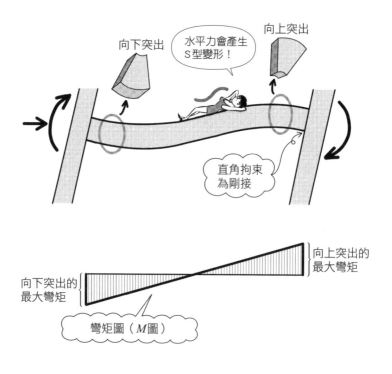

- 地震的水平力是左右交互作用。梁的S變形會重複上下翻轉，彎矩圖也會跟著左右交互翻轉。
- 地震力作用時，垂直荷重也同時在作用，這個水平力造成的彎矩要加上垂直荷重造成的彎矩，才是實際的彎矩作用。

Q 在梁左右兩側的剪力 Q 會如何作用？

▼

A 左側為右下左上，右側為右上左下，如下圖以螺絲扳手夾住長方形，會使之變形為平行四邊形。

 在構材的直角方向有像剪刀一樣，大小相等、方向相反的一對力作用，即為剪力。

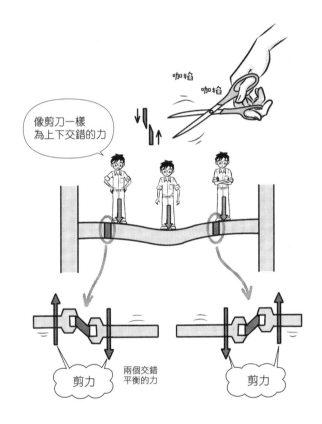

咖搶 咖搶

像剪刀一樣
為上下交錯的力

兩個交錯
平衡的力

剪力　　　　　　　　剪力

● 建物受到加速度作用也不會移動，所以不管切開哪個部位，力都會互相平衡。如上述將建物切出一小部分來看時，作用在構材上的外力、內力一定會互相平衡。若再切出梁的一部分，只看其左側的力，作用在切斷面的彎矩、剪力和外力等，都會互相平衡。

Q 剪力圖（Q圖）會畫在梁的哪一側？

A 取出梁的一小部分，其變形方向若為↑□↓，取正畫在梁的上方；若為↓□↑，取負畫在梁的下方。

■ Q圖有許多不同的畫法，一般是以右下左上↑□↓（順時針）為正，右上左下↓□↑（逆時針）為負。以圖解表示剪力時，皆以向上為正、向下為負。

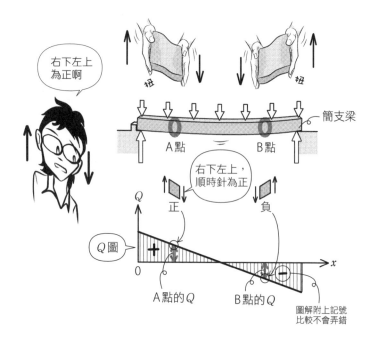

- 若是柱的情況，一般以左側為正。
- 剪力Q、軸力N造成的變形，遠比彎矩M造成的變形來得小。將M、Q、N等各個變形組合起來，就是實際的變形情況。

Q 彎矩 M 的斜率如何變化？

▼

A 隨著剪力 Q 而改變。

看 M 圖就可以大致知道 Q 圖的形狀。先記住 M 的斜率會隨著 Q 改變吧。

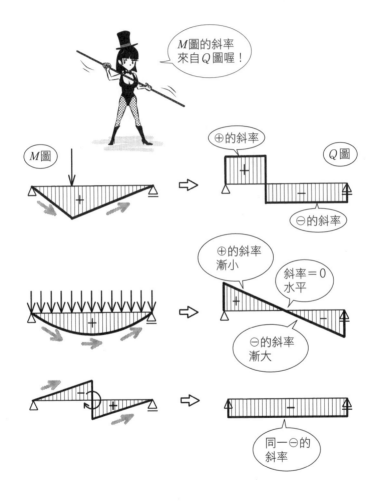

- 圖解的斜率可用微分求得。即 $\dfrac{dM}{dx} = Q$。M 的形式出來之後，就可以知道 Q 的樣子。M 為 1 次式（直線）時，Q 為定值（水平線）；M 為 2 次式（拋物線）時，Q 為 1 次式（直線）。

Q 承受均布荷重，梁與柱為直角接合（剛接）時，剪力圖（Q圖）是什麼形狀？

▼

A 如下圖的直線形。

 和前頁的簡支梁是同樣的Q圖。取出梁的一部分來看構材的剪力，一般以右下左上（順時針）為正，右上左下（逆時針）為負。把梁的M圖、Q圖的大致形狀記下來吧。

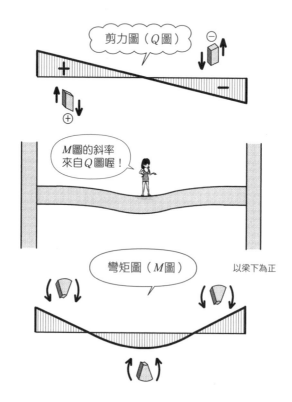

- 彎矩圖是畫在構材的突出變形側，表示數值正負時，一般來說兩端非剛接的梁（簡支梁）會向下彎曲，因此以梁下為正，也就是從y軸向下延伸的形式。
- 彎矩圖為2次曲線時，剪力圖為斜直線；彎矩圖為直線時，剪力圖變成水平線。彎矩微分（各點的變化）後會得到剪力，因此圖解的變化為2次函數→1次函數、1次函數→0次函數（定值）（參見R112）。

Q 彎矩與剪力的變形是同時發生的嗎？

A 是的。

進行計算時，會分開考量彎矩與剪力的變形，實際上則是同時發生。變形的形狀如下圖，由彎矩造成的扇形變形，再加上剪力造成的平行四邊形，兩者組合而成。

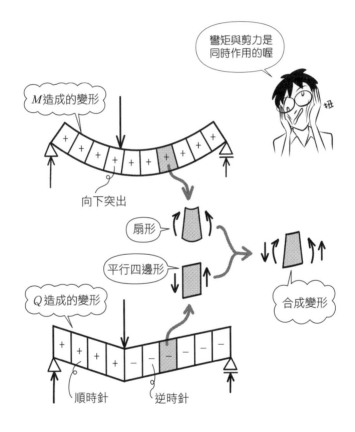

- 實際上由 Q 造成的變形，與 M 造成的變形相較，是非常小的變化。一般以棒狀構材來說，N 造成的伸縮、Q 造成的平行四邊形交錯，其變化都遠比 M 造成的彎曲變形小得多。

Q 彎矩 *M*、剪力 *Q*、均布荷重 *w* 的關係是什麼？

▼

A *M* 圖的斜率來自 *Q* 圖，*Q* 圖的斜率來自 $-w$。

如下圖取出梁的一小部分（Δx）來看。Δx 範圍的力平衡如下圖所示。在 Δx 之間增加的 *M*、*Q* 以 ΔM、ΔQ 表示。考量力矩平衡時，$\frac{\Delta M}{\Delta x} = Q$；考量 *y* 方向的平衡時，$\frac{\Delta Q}{\Delta x} = -w$。即使結構體、荷重的形狀改變，上式依然成立。

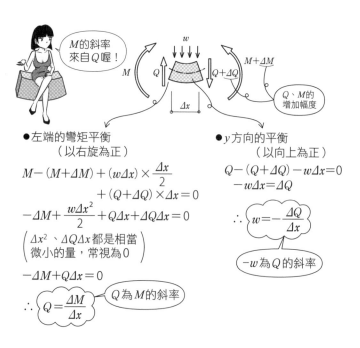

●左端的彎矩平衡
（以右旋為正）

$$M - (M + \Delta M) + (w\Delta x) \times \frac{\Delta x}{2} + (Q + \Delta Q) \times \Delta x = 0$$

$$-\Delta M + \frac{w\Delta x^2}{2} + Q\Delta x + \Delta Q\Delta x = 0$$

$\left(\begin{array}{l}\Delta x^2 \text{、} \Delta Q\Delta x \text{ 都是相當}\\ \text{微小的量，常視為 } 0\end{array}\right)$

$$-\Delta M + Q\Delta x = 0$$

$$\therefore \boxed{Q = \frac{\Delta M}{\Delta x}}$$ ← *Q* 為 *M* 的斜率

●*y* 方向的平衡
（以向上為正）

$$Q - (Q + \Delta Q) - w\Delta x = 0$$

$$-w\Delta x = \Delta Q$$

$$\therefore \boxed{w = -\frac{\Delta Q}{\Delta x}}$$ ← $-w$ 為 *Q* 的斜率

●圖解的算式，其 *x* 方向是以向右為正，*y* 方向則是以向上為正，作為平衡的基準。$\frac{\Delta Q}{\Delta x} = -w$ 的負號，是右側橫斷面的剪力比左側小的意思。在 Δx 的長度上承受 *w* 的均布荷重，右側向下的 *Q* 要隨之變小，否則無法與左側向上的 *Q* 保持平衡。

Q $M = -\frac{1}{2}wx^2 + \frac{1}{2}wlx$ 時，Q 的算式是什麼？

A 由於 $Q = \dfrac{dM}{dx}$，因此 $Q = -wx + \dfrac{1}{2}wl$。

將 M 的算式以 x 方向（橫向）微分就會得到 Q 的算式。微分可以得到曲線上各點在每個瞬間的樣子，即瞬時斜率。

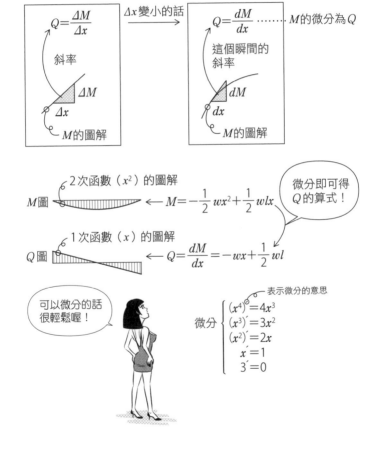

- $M = -\dfrac{1}{2}wx^2 + \dfrac{1}{2}wlx$ 是簡支梁承受均布荷重時，M 的算式。另外，再將 Q 的算式微分後，就會得到 $-w$。

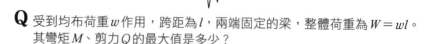

Q 受到均布荷重 w 作用，跨距為 l，兩端固定的梁，整體荷重為 $W = wl$。
其彎矩 M、剪力 Q 的最大值是多少？

A 分別為 $-\dfrac{Wl}{12}$、$\dfrac{W}{2}$。

▣ 兩端以直角剛接者稱為固定梁。將固定梁的 M 圖，其兩端和中央的數值記下來，解決靜不定問題時很方便喔。

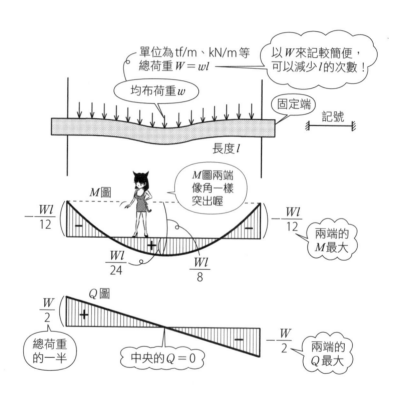

● 總荷重 $W = wl$，因此兩側的支撐力分別是 $\dfrac{W}{2}$，產生的剪力也是 $\dfrac{W}{2}$。
● M 是以梁下突出變形側為正，Q 則是以順時針為正。

Q 下圖左側狀態的 *M* 圖是什麼樣子？

▼

A 如右側所示。

◆ 在初期階段就記下具代表性的 *M* 圖形狀與 M_{max}（*M* 的最大值）的數值，
比較輕鬆喔。

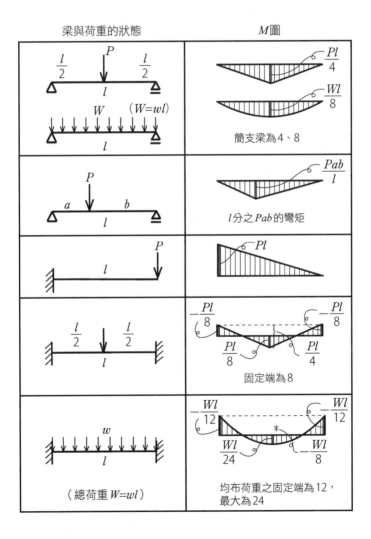

梁與荷重的狀態	*M* 圖

Q 當簡支梁受到中央集中荷重與均布荷重，以及固定梁受到中央集中荷重與均布荷重時，M_{max} 的數字是多少？

A 分別為 $\frac{1}{4}$、$\frac{1}{8}$、$\frac{1}{8}$、$\frac{1}{12}$。

看數字會發現剛好都是 4 的倍數整齊排列，這樣記起來方便多了。

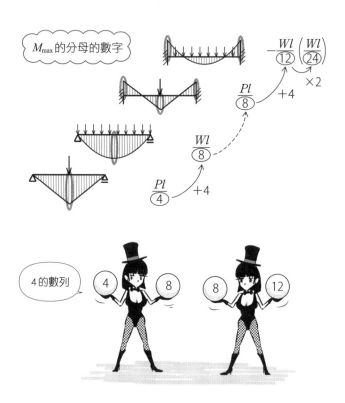

Q 兩端固定梁的 *M* 圖與簡支梁的 *M* 圖有什麼關係？

▼

A 兩端固定梁的 *M* 圖是簡支梁的 *M* 圖往上抬升，而抬升程度為兩端點的彎矩分量。

 中央承受集中荷重 P 時，簡支梁的中央為 $\dfrac{Pl}{4}$，兩端固定梁則是將之往上抬升，成為 $\dfrac{Pl}{4} - \dfrac{Pl}{8} = \dfrac{Pl}{8}$。若為均布荷重 $W = wl$，簡支梁的中央為 $\dfrac{Wl}{8}$，兩端固定梁則是 $\dfrac{Wl}{8} - \dfrac{Wl}{12} = \dfrac{Wl}{24}$。

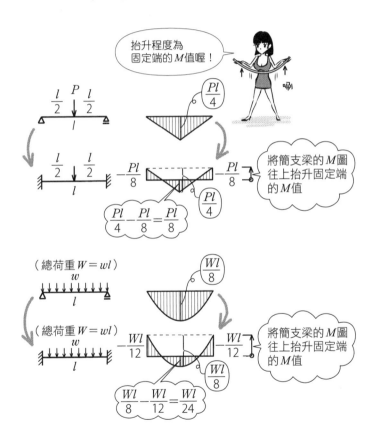

抬升程度為固定端的 *M* 值喔！

將簡支梁的 *M* 圖往上抬升固定端的 *M* 值

$\dfrac{Pl}{4} - \dfrac{Pl}{8} = \dfrac{Pl}{8}$

（總荷重 $W = wl$）

將簡支梁的 *M* 圖往上抬升固定端的 *M* 值

$\dfrac{Wl}{8} - \dfrac{Wl}{12} = \dfrac{Wl}{24}$

● 依據固定端的 *M* 值大小，將承受相同荷重的簡支梁 *M* 圖往上抬升後，就可以得到兩端固定梁的 *M* 圖。要確實記下上述兩種 *M* 圖喔。

Q 簡支梁、連續梁受到如下圖左側的荷重作用時，M圖的形狀是什麼？

▼

A 如右側圖所示。

🟦 想像成橡皮筋來記住M圖的形狀吧。M圖會朝構材的突出變形側描繪，
但不管是構材或橡皮筋，都是朝力的方向彎曲突出。鉸支承、滾支承的
M為0。

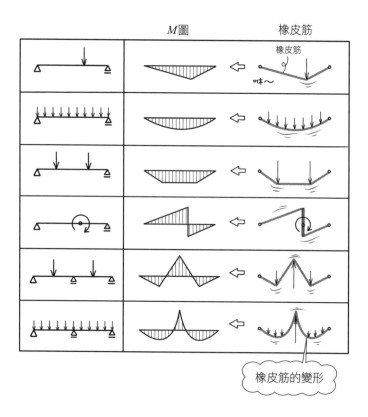

橡皮筋的變形

● 筆者將此命名為「橡皮筋理論」。這和講述宇宙基本粒子的「超弦理論」（super
string theory）一點關係也沒有。〔譯註：橡皮筋理論的日文為「ゴムひも理論」，超弦理論
的日文為「超ひも理論」〕

Q 懸臂梁受到如下圖左側的荷重作用時，M圖的形狀是什麼？

A 如右側圖所示。

想像成懸吊棚架來記住M圖的形狀吧。自由端的M為0。

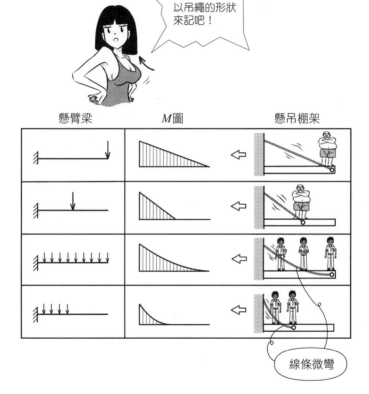

懸臂梁   M圖   懸吊棚架

以吊繩的形狀
來記吧！

線條微彎

Q 門型構架結構受到如下圖左側的荷重作用時，M圖的形狀是什麼？

▼

A 如右側圖所示。

想像成貓的臉部正面和伸懶腰的樣子來記住M圖的形狀吧。多層多跨距的構架結構也是類似的M圖，記住門型的兩種M圖會很方便喔。

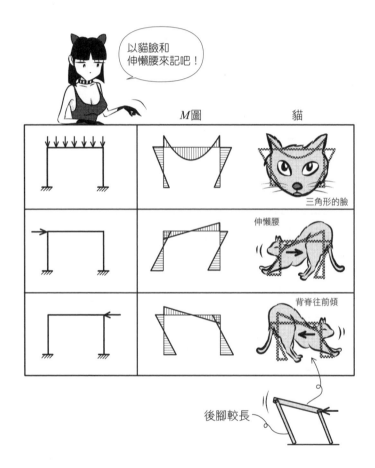

Q 等跨距的多層多跨距構架結構，受到如下圖的垂直荷重作用時，中柱有受到彎矩 *M* 的作用嗎？

▼

A 幾乎沒有。

柱的左右受到來自梁的彎矩作用，兩邊會互相抵消，因此柱幾乎沒有受到彎矩作用。柱只有承受垂直力（軸力）的作用。

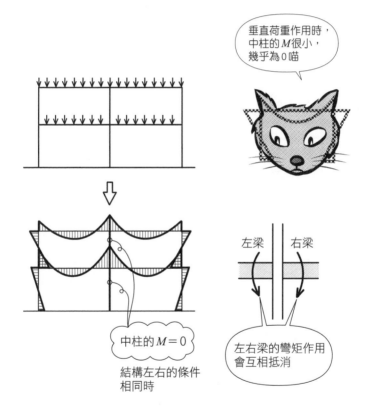

垂直荷重作用時，
中柱的 *M* 很小，
幾乎為 0 喵

中柱的 *M* = 0

結構左右的條件
相同時

左梁　　右梁

左右梁的彎矩作用
會互相抵消

Q 與耐震壁接合的梁、柱，其彎矩 M 是多少？

▼

A 沒有彎曲，所以 M 為 0。

與耐震壁（亦稱剪力牆）接合的梁、柱完全不會彎曲變形，因此沒有彎矩 M 作用。以 M 圖表示時，在耐震壁的部分常加入細斜線等，由於四周柱、梁的 M 為 0，所以不會有 M 圖。M 為 0 沒有變化，就表示其斜率 Q 也是 0。

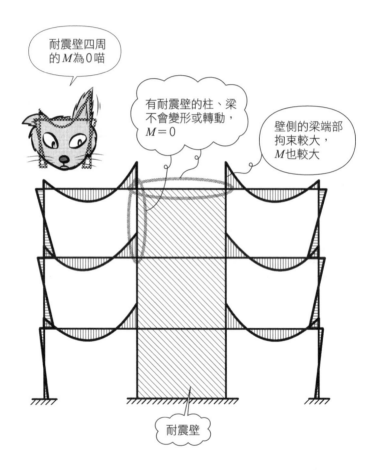

耐震壁四周的 M 為 0 喵

有耐震壁的柱、梁不會變形或轉動，$M = 0$

壁側的梁端部拘束較大，M 也較大

耐震壁

• 如果牆壁幾乎沒有變形，完全為剛接，就是上述的情況。要求得耐震壁的內力時，可以將牆替換成斜撐等線材，只要計算線材承受的內力，就可以得知牆壁的 M、N、Q。

Q 應變是什麼？

A $\dfrac{變形長度}{整體長度} = \dfrac{\Delta l}{l}$ 。

構材受到力作用時，長度會因為變形而產生伸長或縮短的情況，即比原來長或短。此變形與原來長度的比就是應變（strain），不管構材的長度多長，與力之間都維持一定的關係。一般以 ε（epsilon）來表示應變。

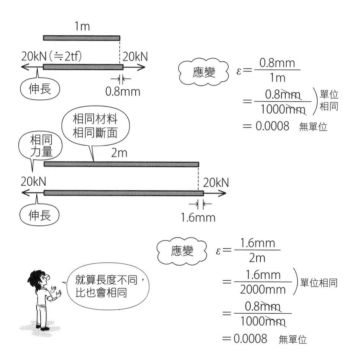

應變　$\varepsilon = \dfrac{0.8mm}{1m}$

$\qquad = \dfrac{0.8mm}{1000mm}$）單位相同

$\qquad = 0.0008$　無單位

應變　$\varepsilon = \dfrac{1.6mm}{2m}$

$\qquad = \dfrac{1.6mm}{2000mm}$）單位相同

$\qquad = \dfrac{0.8mm}{1000mm}$

$\qquad = 0.0008$　無單位

5

力與變形

• 若為 1m 的構材，就會變成 1000.8mm。變形為 0.8mm，而原長為 1000mm，應變 ε $= \dfrac{0.8}{1000} = 0.0008$。

• 與原長 l 相比的長度變化量（變形的長度）以 Δl 表示。而與原長無關的變形長度則常以 δ（delta）為表示記號。x、y 的變化量為 Δx、Δy，$\dfrac{\Delta y}{\Delta x}$ 為斜率。曲線某點的瞬時斜率，在 $\dfrac{\Delta y}{\Delta x}$ 的 Δx 無限小時，就變成 $\dfrac{dy}{dx}$，表示微分。先記住 Δl、Δx、Δy、dx、dy 吧。

Q 伸長相同材料時，拉力若為2倍，應變還是一樣嗎？

▼

A 若斷面積也是2倍，應力相同下，應變就會一樣。

若斷面積相同，則拉力變成2倍時，應變就變成2倍。但斷面積若同為2倍，造成的應力減半，應變就會一樣。內力除以斷面積會得到應力，當應力相同時，應變就相同。應力與應變之間維持一定的關係。

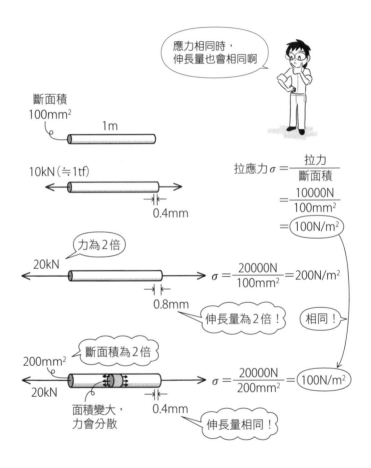

●將力分散到面積之後，就能得知普遍性的關係。

Q 伸長相同材料的力 P，與伸長量 Δl 有比例關係嗎？

▼

A 在變形較小的範圍內，兩者為 $P = k \cdot \Delta l$（k：定數）的比例關係。

這就是虎克定律（Hooke's law）。比例定數 k 亦稱彈簧常數、彈性係數等，為 P 與 Δl 圖解的斜率。相同材料下，較細者容易伸長，較粗者不易伸長，圖解的斜率（比例定數）也會跟著改變。

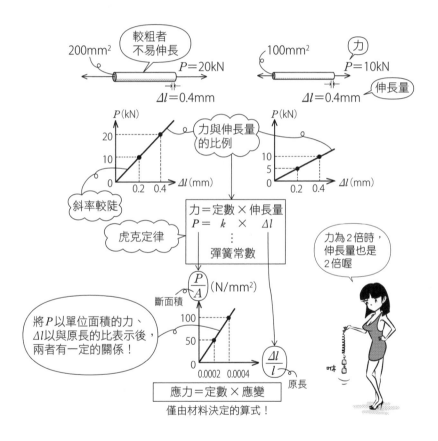

- 將荷重除以斷面積所得的單位面積的力作為縱軸，伸長量與原長的比作為橫軸，就可以得到力與變形的關係。不管任何長度、力量，都可以由此算式得到相對應的值。
- 虎克定律在結構力學中經常出現。用以解決靜不定結構的變形的方法、以電腦進行應力解析的有限元素法（勁度矩陣）等，都是以虎克定律為基礎。

Q 應力 $\sigma = \square \times \varepsilon$ 的空格是什麼？

▼

A E（elastic modulus，彈性模數）。

就像橡膠一樣，力作用時會以一定的比例伸縮，除去力之後就恢復原來的狀態，應力與應變的關係就是上述算式。應力與應變成一定比例，該比例定數 E 稱為彈性模數。

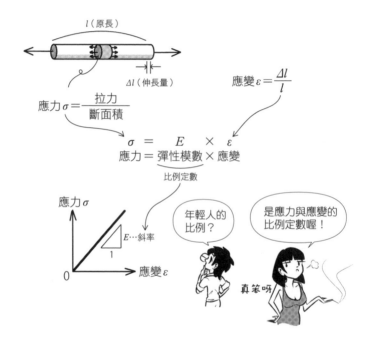

- 彈性模數又稱楊氏模數（Young's modulus），得名自英國科學家湯瑪斯・楊（Thomas Young），與「年輕人」（young）的比例無關。彈性模數 E 由材料決定。材料相同時，若施加相同的應力，變形都是同樣的應變。
- 力與變形的比例關係，以及應力與應變的比例關係，都屬於虎克定律（參見 R124）。這個定律得名自英國科學家虎克（Robert Hooke）。

Q 彈性是什麼？

▼

A 力（應力）與變形（應變）呈比例關係，除去力之後會恢復原狀的性質。

◆ 不管是鋼材或混凝土，在施力的初期都會維持彈性。在 σ、ε 的關係圖中，通過原點的直線段就是材料的彈性區域。

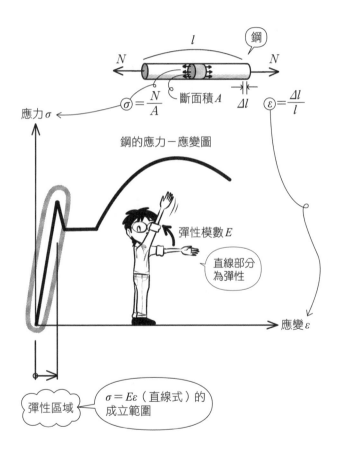

- σ 與 ε 的圖解可稱為應力－應變曲線、應力應變圖、應變圖等。
- 鋼材的強度比混凝土高很多，不管是拉力或壓力都是一樣的圖解。混凝土的抗拉強度非常弱，只能抵抗壓力。但不管是鋼材或混凝土的應力、應變圖，其通過原點的直線部分都是彈性區域。

Q 混凝土有彈性區域嗎？

▼

A 應力－應變圖中，靠近原點的地方就是接近彈性的狀態。

在混凝土的應力－應變圖的曲線中，靠近原點處有接近直線的曲線。將曲線上的點與原點直線連結後，得到的斜率就是彈性模數。

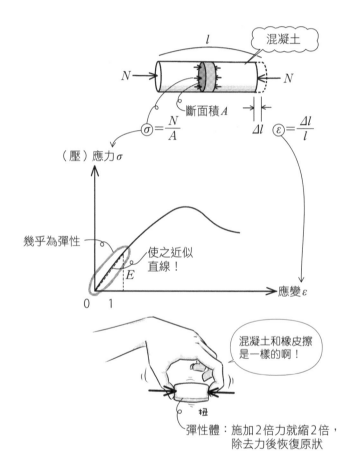

●對混凝土施加拉力時，很快就會產生斷裂破壞。其抗拉強度只有抗壓的 1/10，因此混凝土在設計上偏重壓力側。鋼不管受到拉力或壓力，圖解都是相同的。

●混凝土的彈性模數可以從強度和單位體積重量求得。

Q 彈性模數 E 大時，代表容易變形還是不容易變形？

A 不容易變形。

彈性模數在應力－應變的圖解中代表斜率。彈性模數越大，其傾斜率越大，代表在相同的應變下，需要較大的應力。承受壓力作用的鋼和混凝土的圖解，若是將原點附近擴大來看，直線區域就是彈性區域。鋼的彈性模數比混凝土大10倍，斜率也大10倍，因此壓縮量相同時，需要大10倍的力作用才行。

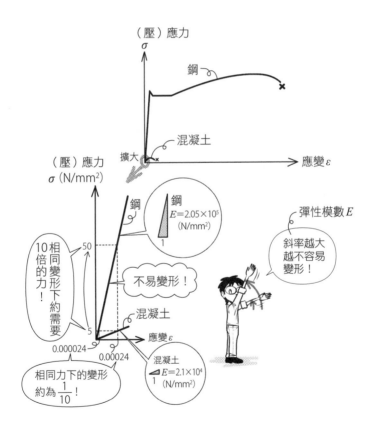

- 彈性模數會根據製品和強度等改變，鋼約為 $2.05×10^5 N/mm^2$，混凝土約為 $2.1×10^4 N/mm^2$。混凝土的彈性模數隨強度和單位體積重量而改變，有算式可求得。
- 應變 $ε$ 為長度 ÷ 長度，無單位，因此彈性模數與應力的單位相同。

Q 降伏點是什麼？

▼

A 彈性結束的點。

在鋼材的拉伸試驗中，2倍的力會拉長2倍，3倍的力會拉長3倍，除去力之後會恢復原狀（彈性）。但是當力慢慢變大時，到了某個點之後就會保持伸長的樣子，無法恢復原狀。這就是塑性（plasticity）。彈性結束、塑性開始的點便是降伏點（yield point）。如字面所示，降伏點是舉起白旗「降伏」的點。

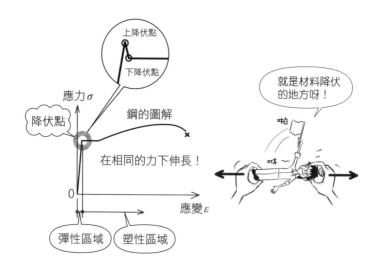

- 將鋼材的應力－應變曲線的降伏點附近放大，就如上圖一樣，會先向下降再往右，變形越來越大。就像是舉起白旗降伏後，沒有了抵抗力有鬆一口氣的感覺。開始向下的點為上降伏點，變形開始變大的點為下降伏點。
- 混凝土的曲線斜率則是會越來越小，終至斷裂，其彈性與塑性的界線、降伏點等，不像鋼材這麼明顯。

Q 塑性是什麼？

▼

A 即使除去力之後也不會恢復原狀、殘留變形的性質。

在彈性區域內，除去力之後都會恢復原狀。當力超過彈性區域，到了某個點之後，就算除去力也不會恢復原狀。這就是塑性。

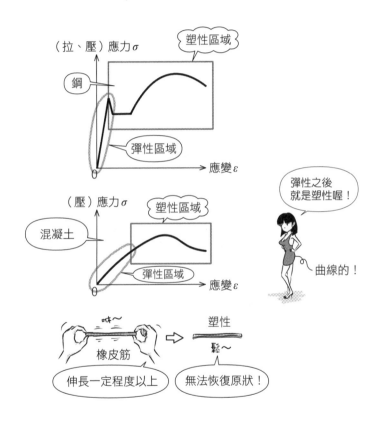

- 在應力－應變的圖解中，接在直線後的曲線部分就是塑性區域（plastic region）。
- 除去力之後的殘留變形稱為永久應變（permanent strain）、永久變形（permanent deformation）或殘留應變（residual strain）、殘留變形（residual deformation）。

Q 韌性、脆性是什麼？

A 韌性（toughness）為材料的柔韌度，脆性（brittleness）是材料的脆弱度。

降伏點和強度之間的差距越大，也就是從彈性極限到真正的極限之間所擁有的柔韌度越大，材料的韌性越好。

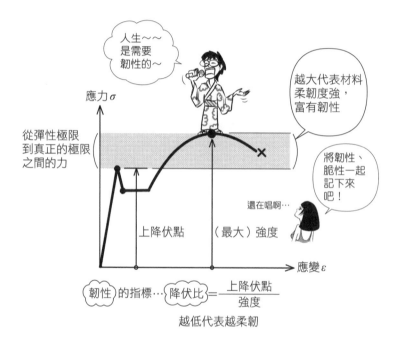

- $\dfrac{上降伏點}{強度}$＝降伏比的公式是表示在最大強度的力中，包含多少彈性極限的意思。為柔韌度、韌性的指標。相對於強度，上降伏點越小，柔韌度越強，代表材料富含韌性。
- 混凝土和玻璃等的柔韌度很差，很快就會應聲斷裂，產生脆性破壞。包含鋼等的金屬則是富含韌性，不易產生脆性破壞，而是像糖果一樣先被拉長後，再慢慢產生破壞。

Q 梁斷面的縱長和橫長，要以哪一邊為主比較不容易彎曲？

▼

A 縱長方向。

試著彎折塑膠直尺，比起橫向，縱向部分較不容易彎曲。

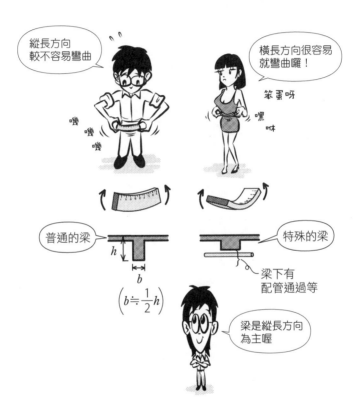

- 無論是木造、RC造或S造，梁一般都是以縱長方向為主。梁的下側受拉力作用，木造梁若是用鋸子割出裂縫，很容易從該處產生彎折斷裂。
- 一般來說，梁下並無配管通過，若有需要也可以詢問結構技師是否可以減少梁深。相對地，當梁深減少時，梁寬要隨之增加。

Q 為什麼以縱長方向為主的梁不容易彎曲？

▼

A 因為上下構材的變形量會變大。

■ 梁彎曲時上方受壓，下方受拉。此時不管受壓側或受拉側的變形都很大。在相同斷面積下，若以縱長為主，越往上下兩端的變形越大。而當變形量大時，所需要的力就更大了。

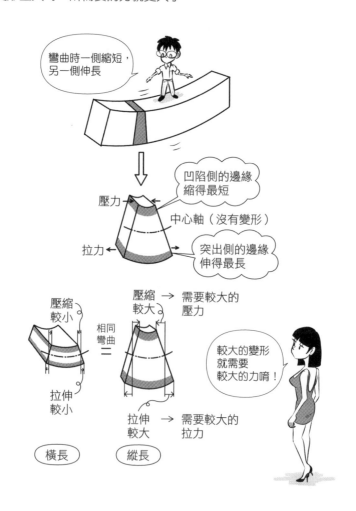

Q 相同斷面積下，斷面形狀為長方形與英文字母 H 傾斜 90 度而成為上下緣較寬的形狀，哪一個比較不容易彎曲？

A 將 H 傾斜 90 度的形狀比較不容易彎曲。

梁是以上下緣的變形較大。將材料集中在變形較大的部分，才能夠抵抗變形，比較不容易彎曲。

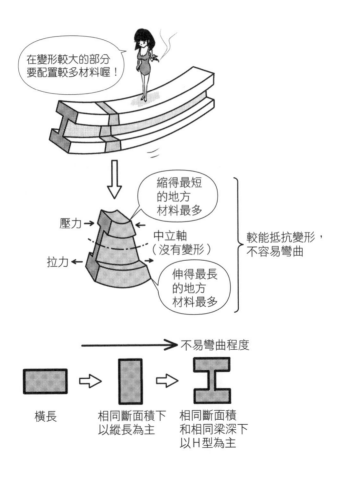

•相同斷面積下，相較於橫長，以縱長為主較不容易彎曲。而縱長又以上下較大、中央較小的斷面形式較佳。鋼經過延壓可以製作出不同的斷面形狀，建築中最常使用 H 型鋼，鐵路則多用軌道的形狀。

Q H型鋼的梁中，用以抵抗彎曲的是翼板還是腹板？

▼

A 翼板。

H型鋼上下的厚板稱為翼板（flange），中央的薄板稱為腹板（web）。彎曲的時候，上下翼板的縮短伸長現象最明顯，也是用以抵抗變形的部位。藉由上下翼板的抵抗，使梁整體不容易產生彎曲。

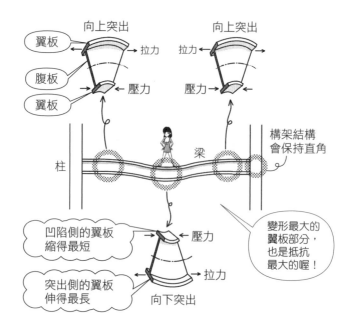

● 鋼的價格較高，重量為水的7.85倍（鋼筋混凝土為水的2.4倍），斷面盡量縮小，減少材料用量，在使用上更符合經濟效益。因此，在斷面形狀上會多下工夫，既可承受合理的力作用，也能減少材料的浪費。常作為梁使用的H型鋼，在產生較大變形的上下部位會配置較多材料，就是為了增加抵抗彎曲的能力。

● 另外也有I型鋼，但因為翼板的內側為傾斜的狀態，實務上不常使用。以螺栓鎖固時，要使用附傾斜角的墊圈。梁的使用還是以H型鋼為主。

Q H型鋼的強軸、弱軸是什麼？
▼
A 與翼板直交的彎曲軸為強軸，與翼板平行的彎曲軸為弱軸。

對抗彎曲的是翼板，因此會配置在梁的上下側。柱則是配置在希望抗彎較強的方向。若是希望 xy 方向的抗彎能力皆強，可以使用方型鋼管。

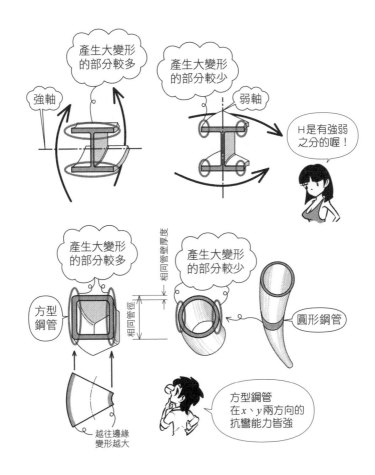

●圓形鋼管在邊緣的材料比方型鋼管少，因此在相同管徑下，抗彎能力比角形弱。

Q 用以抵抗彎曲的幾乎都是翼板，這樣可以省略腹板嗎？

▼

A 為了讓翼板彎曲，必須有腹板。

將翼板與腹板一體化成為扇形，靠近上下邊緣的構材就可以進行較大的伸縮。若是讓翼板分散移動，翼板就無法進行大範圍的伸縮，變得容易彎曲。

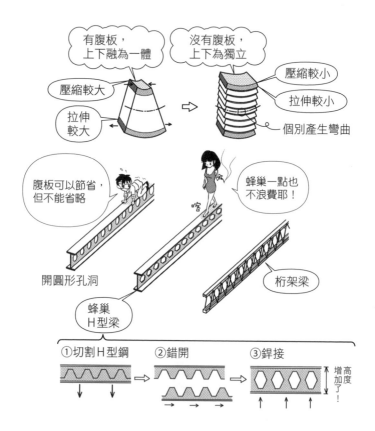

- 將塑膠直尺重疊後彎折，它們會各自獨立產生彎曲，抵抗彎曲的力比較弱。試著用接著劑黏起來，彎折時若不讓靠近上下端的直尺進行較大的伸縮，就不會產生彎曲。
- 雖然無法完全除去腹板，但可以節省一定的程度。例如在腹板上開圓形孔洞、蜂巢狀六角形孔洞（蜂巢H型梁），或是將C型鋼當翼板而以鋼筋桁架作為連接（桁架梁）等，有許多不同的方式。

Q 寬為 b、高為 h 的長方形斷面的梁，其斷面二次矩 I 是多少？

▼

A $\frac{bh^3}{12}$。

斷面二次矩是用以表示材料彎曲困難度的一種係數。上式中，是以梁深 h 的 3 次方，乘上梁寬 b 的 1 次方而得。梁深只要稍大，就會有 3 次方的效果。在相同材料下，縱長會比橫長難彎曲，從斷面二次矩的算式也可以看出這點。

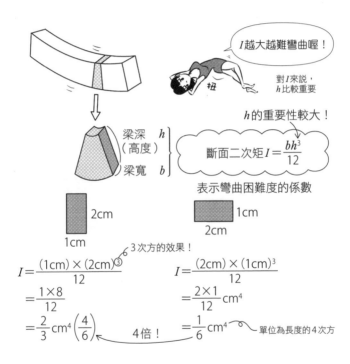

I 越大越難彎曲喔！

對 *I* 來說，
h 比較重要

h 的重要性較大！

$$斷面二次矩\ I = \frac{bh^3}{12}$$

表示彎曲困難度的係數

梁深 h（高度）
梁寬 b

2cm
1cm

1cm
2cm

3 次方的效果！

$$I = \frac{(1\text{cm}) \times (2\text{cm})^{③}}{12}$$

$$= \frac{1 \times 8}{12}$$

$$= \frac{2}{3}\ \text{cm}^4 \left(\frac{4}{6}\right)$$

4 倍！

$$I = \frac{(2\text{cm}) \times (1\text{cm})^3}{12}$$

$$= \frac{2 \times 1}{12}\ \text{cm}^4$$

$$= \frac{1}{6}\ \text{cm}^4$$

單位為長度的 4 次方

- 斷面二次矩的單位為長度的 4 次方，如 mm^4、cm^4、m^4 等。記號為 I。
- 1cm×2cm 的小梁，其縱長的斷面二次矩為 $\frac{1 \times 2^3}{12} = \frac{2}{3}$ cm^4，橫長則是 $\frac{2 \times 1^3}{12} = \frac{1}{6}$ cm^4。縱長的斷面二次矩為橫長的 4 倍。

Q 若為柱的話，$I = \frac{bh^3}{12}$ 的 h 是什麼長度？

▼

A 與彎曲軸直交方向的斷面長度為 h。

柱受到地震力等橫向力作用時，和梁一樣會產生彎曲。柱的 b、h 都是在水平方向，若與彎曲梁的 h 相對應，馬上可以知道柱的 h 位置。

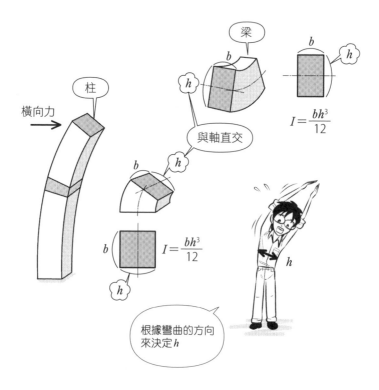

Q H形的斷面二次矩可以先將長方形分割，分別計算 $I = \frac{bh^3}{12}$ 之後再加起來嗎？

A 長方形的中心軸若是和彎曲軸不同，就不能使用 $I = \frac{bh^3}{12}$。

$I = \frac{bh^3}{12}$ 是以長方形中央為彎曲軸的算式。下方圖解上圖的 $2I_1 + I_2$ 是錯誤的。如下方圖解下圖，以彎曲軸為中心軸的大長方形，減去同樣以彎曲軸為中心軸的小長方形來計算 H 形的方式，才可以個別使用 $I = \frac{bh^3}{12}$。即下圖的 $I_3 - 2I_4$，才是使用長方形中心為彎曲軸的 $I = \frac{bh^3}{12}$ 所計算出來的式子。

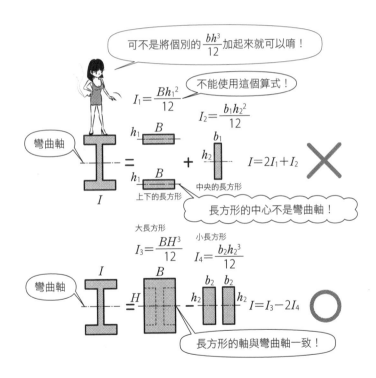

- 實際上，H型鋼除了 H 形之外，還有圓弧狀的部分，斷面形式較複雜，若是不使用積分，無法得到正確的斷面二次矩。鋼材製品目錄中，記載了包括鋼材的單位質量、斷面積、斷面二次矩、斷面係數等資料。

Q 斷面二次矩的二次是什麼？

▼

A 與中立軸距離的2次方的意思。

斷面二次矩、斷面一次矩的定義為：
斷面二次矩 $I = \{(面積) \times (與中立軸距離的2次方)\}$ 的合計
斷面一次矩 $S = \{(面積) \times (與中立軸距離)\}$ 的合計

轉動的力量，即力矩，為力×與轉動軸的距離，對於斷面二次矩、斷面一次矩來説，算式一樣是 □ × 距離。代表面積對中立軸的影響力及效果。中立軸受彎曲不會產生變形，也是彎曲的中心軸。

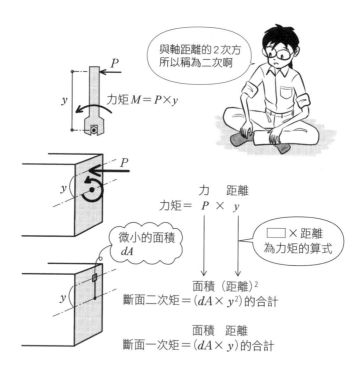

與軸距離的2次方
所以稱為二次啊

力矩 $M = P \times y$

力　　距離
力矩 $= P \times y$

微小的面積
dA

□ × 距離
為力矩的算式

面積（距離）^{2}
斷面二次矩 $= (dA \times y^2)$ 的合計

面積　距離
斷面一次矩 $= (dA \times y)$ 的合計

● 有 x^2 的式子為2次式，x^1 則為 1 次式，而二次矩是（距離）^{2} 的式子，一次矩則是（距離）^{1}。

● 計算（面積）×（與中立軸距離的2次方）的總和時，若面積非長方形，各自的 y 的位置會跟著改變，需要用積分來計算。斷面二次矩、積分等的詳細說明，請參見拙作《結構力學超級解法術》。

Q 為什麼在求取斷面二次矩 I 的算式中，會出現與中立軸距離 y 的2次方？

A 因為作用在斷面上的應力 σ，是隨著與中立軸距離 y 越遠而等比例變大（σ＝定數 $\times y$），而力要再乘上與中立軸的距離 y，才會得到對應於中立軸所產生的力矩作用（$\sigma \times$ 面積 $\times y$）。

斷面二次矩之所以稱為二次，是因為乘上兩次 y 的關係。至於為什麼要乘兩次 y，則是由於以力矩公式計算彎矩時，σ 還要再乘上距離的關係，如此一來就出現 y 的 2 次方。

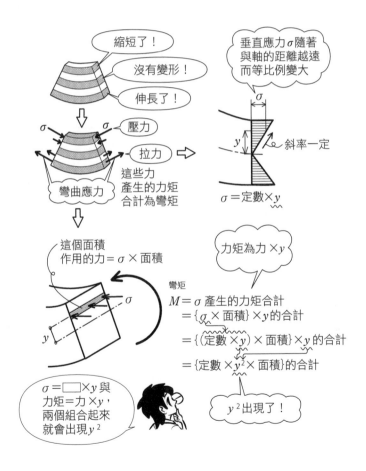

Q 斷面一次矩 S 為什麼只有 1 次方？

▼

A $S =$ (面積 $\times y$) 的合計，所以 y 只有 1 次方。

相對於斷面二次矩 $I =$ (面積 $\times y^2$) 的合計，斷面一次矩 $S =$ (面積 $\times y$) 的合計，由於 y 只有 1 次方，所以稱為斷面一次矩。兩者都是面積對中立軸產生的力矩，差別在於距離 y 分別是 2 次方和 1 次方。

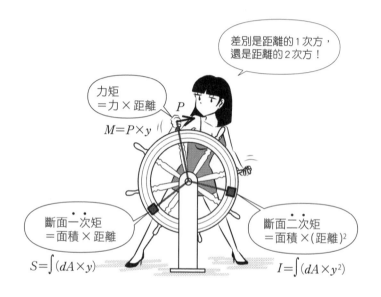

差別是距離的 1 次方，
還是距離的 2 次方！

力矩
＝力 × 距離
$M = P \times y$

斷面一次矩
＝面積 × 距離

$S = \int (dA \times y)$

斷面二次矩
＝面積 × (距離)^2

$I = \int (dA \times y^2)$

●雖然斷面一次矩 S 的使用不像斷面二次矩 I 這麼活躍，但常用於求取斷面的重心位置，或從剪力 Q 求取剪應力 τ 的時候。

Q 通過圖面中心的軸,其對應的斷面一次矩 S 是多少?

▼

A 0。

x 軸通過圖心時,x 軸上下的面積 $\times y$ 會互相平衡。y 在 x 軸的上下,數值相同,符號各為正負,合計起來就是 0。斷面二次矩 I 的 y 為 2 次方,因此一定是正值。

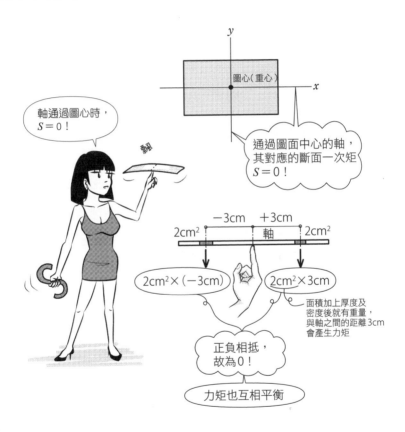

軸通過圖心時,
$S = 0$!

通過圖面中心的軸,
其對應的斷面一次矩
$S = 0$!

$-3cm$　$+3cm$
$2cm^2$　軸　$2cm^2$

$2cm^2 \times (-3cm)$　　$2cm^2 \times 3cm$

面積加上厚度及
密度後就有重量,
與軸之間的距離 3cm
會產生力矩

正負相抵,
故為 0!

力矩也互相平衡

● 物質重量為均質時,斷面積與重量等比例。面積對軸產生的效果(面積 × 與軸的距離)會左右相等,互相平衡,軸也會通過重心。若是輪廓複雜的斷面,可以利用 S 的計算求得圖心(重心)位置。

Q 彈性模數 E 與斷面二次矩 I 的單位是什麼？

▼

A 彈性模數 E 為 N/mm^2，斷面二次矩 I 為 mm^4 等。

 應變 ε 是長度÷長度而得，所以為無單位（亦稱無名數）。彈性模數 E $=\dfrac{\sigma}{\varepsilon}$，$E$ 會與應力 σ 為同單位。I 為長度的 4 次方。在結構上會頻繁使用 E 與 I，要好好記住喔。

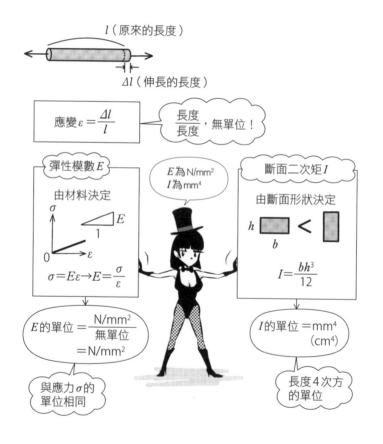

l（原來的長度）

Δl（伸長的長度）

$$應變 \varepsilon = \frac{\Delta l}{l}$$

$\dfrac{長度}{長度}$，無單位！

彈性模數 E

由材料決定

$\sigma = E\varepsilon \rightarrow E = \dfrac{\sigma}{\varepsilon}$

E 為 N/mm^2
I 為 mm^4

斷面二次矩 I

由斷面形狀決定

$$I = \frac{bh^3}{12}$$

$$E 的單位 = \frac{N/mm^2}{無單位} = N/mm^2$$

與應力 σ 的單位相同

I 的單位 = mm^4（cm^4）

長度 4 次方的單位

Q 在梁中央附近的彎曲應力 σ_b 會如何作用？

▼

A 越往下拉力作用越強，越往上壓力作用越強。

從梁切出一個骰子狀的立體變形來看。如下圖，為上方壓縮，下方伸長，中央沒有變形。換言之，上方是受到壓力作用，下方受到拉力作用，中央沒有力在作用。

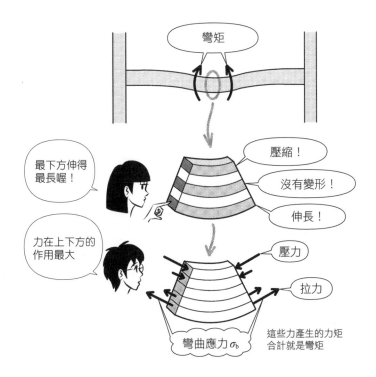

6

應力

- 壓應力、拉應力在斷面上的作用是均等的，切割面積就能簡單計算出數值。彎曲應力不單只是力×距離的力矩，而是每單位面積上的作用力。而且它並不是均等的作用，越往梁的上方壓力越強，越往下方拉力越強，為不均等的作用方式。
- 彎曲應力的彎矩，是分解出作用在斷面上的垂直力（垂直應力 σ）來考量。這個微小的力所造成的力矩合計，才是彎矩的來源。垂直應力 σ 中會造成彎曲（bending）的力，也可以特別寫成 σ_b 來表示。

Q 彎曲應力 σ_b、彎矩 M、斷面二次矩 I，跟與中立軸的距離 y 的關係是什麼？

A $\sigma_b = \dfrac{My}{I} = \dfrac{M}{Z}$（$Z$ 為以 $Z = \dfrac{I}{y}$ 表示的斷面係數）。

彎矩 M 分解成彎曲應力 σ_b 時，需要斷面二次矩 I。I 是依斷面的形狀決定，σ_b 則是隨著與中立軸的距離 y 而改變。以 $\dfrac{I}{y} = Z$ 替代後，就成為 $\dfrac{M}{Z}$ 的簡潔算式。

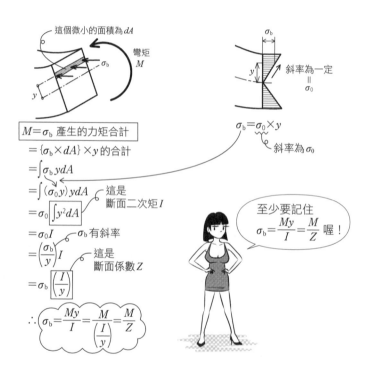

• 記載在數表裡的 Z 都是從邊緣（y_{max}）起算，即 $Z = \dfrac{I}{y_{max}}$。

Q 梁的最大彎曲應力在什麼位置？

▼

A 梁的上下端邊緣。

■ 邊緣是縮得最短、伸得最長的地方，這表示有相當的彎曲應力在作用。$\sigma_b = \dfrac{My}{I}$ 的式子中，y 若取最大，就表示 σ_b 為最大。構材若是能夠承受 σ_b 的最大值，一定可以承受其他比 σ_b 小的力。只要確認最大彎矩位置的緣應力，便可得知建物結構是否安全。

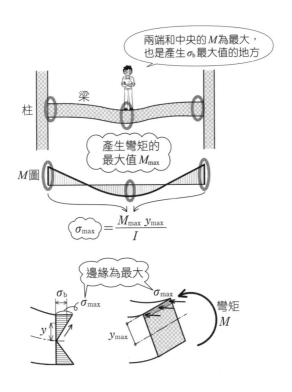

- 作用在垂直斷面上的垂直應力以 σ 表示，為了與壓力所產生的應力區別，彎矩產生的應力會加上 bending（彎曲）的字首，以 σ_b 表示。
- 從彎矩 M 導出彎曲應力 σ_b 時，會出現等同於斷面二次矩 I 的式子。由於積分計算比較複雜，通常會先以斷面形狀計算出斷面二次矩的數值。

Q 如何描繪彎曲應力 σ_b 的圖解形狀？

▼

A 如下圖的蝴蝶形或以一直線表示。

■ σ_b 是以中立軸為界，一邊為拉力，一邊為壓力。中立軸的 σ_b 為 0，邊緣為最大，整體變化呈現一直線。為了清楚表示 σ_b 的大小，上述兩種方式都經常使用。

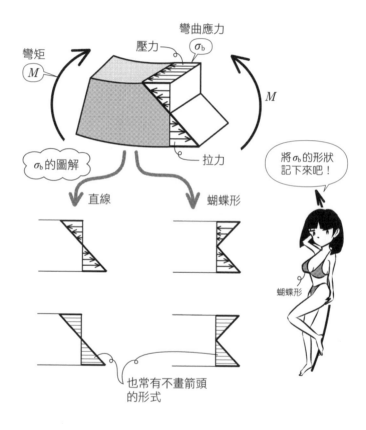

● $\sigma_b = \frac{My}{I}$ 中，M 與 I 為定值時，$\frac{M}{I}$ 作為斜率，形成直線的算式，σ_b 會隨著 y 成比例增加。

Q H型鋼是較難彎曲的材料，其斷面二次矩 I 大還是小？

A 大。

鋼等的相同材料，其彈性模數 E 相等，材料的變形難易度也相同。此時斷面形狀的不同就會決定彎曲難易度的不同。只要比較鋼材目錄中的 I，就可以知道材料彎曲的難易程度。再次牢記 E 與 I 吧。

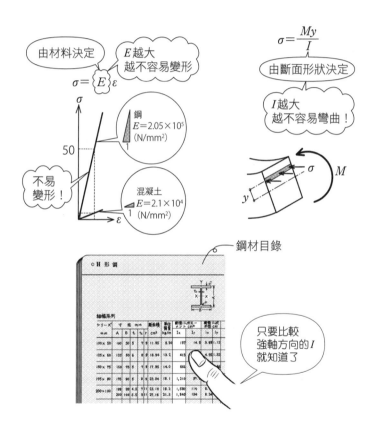

Q 柱受到偏心的壓力 N 作用時，應力 σ 是什麼形式？

▼

A N 作用的壓應力 σ_c，由於偏心的關係，還會有力矩產生的彎曲應力 σ_b。

一般是只有壓力除以斷面積而得的壓應力 σ_c，若 N 的位置不在中心點，也要考慮由此產生的力矩影響。例如當梁受到來自偏離中心位置很大的力作用時，柱就不只有壓力，也要考慮彎曲的作用。

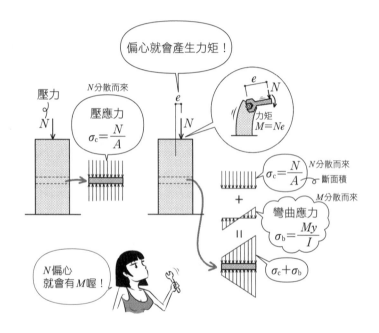

- 偏心距為 e 時，會產生轉動的力，即力矩 Ne。柱受到力矩作用，各個切斷面產生彎矩 M。σ_b 的大小會隨著與中立軸的距離而改變，算式則使用斷面二次矩 I，以 $\sigma_b = \frac{My}{I}$ 表示。
- σ_c 的 c 是 compression（壓縮）的意思，σ_b 的 b 是 bending（彎曲）的意思。

Q 柱的偏心壓力 N 會在構材上產生拉應力嗎？

▼

A 偏心距 e 越大時，壓力與彎矩作用的合力，可能會在對側產生拉應力。

偏心距 e 越大，壓力 N 越是偏離中立軸，力矩 Ne 越大，彎曲應力 $\sigma_b = \dfrac{My}{I}$ 也越大。拉力側的彎曲應力 σ_b 越大時，就算加上計算出的 $\sigma_c = \dfrac{N}{A}$ 仍為負數，就會產生拉力的部分。若是發生在抗壓較強、抗拉較弱的混凝土上，就會造成問題。

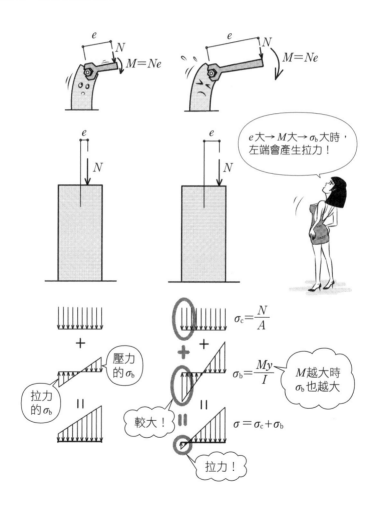

Q 核半徑是什麼？

▼

A 受到偏心壓力作用時，不會發生拉應力的範圍稱為核（core），該半徑
（若為菱形則是中心到頂點的距離）就叫作核半徑（或稱最大偏心距）。

核半徑上有壓力作用時，端部的應力 σ 為0。

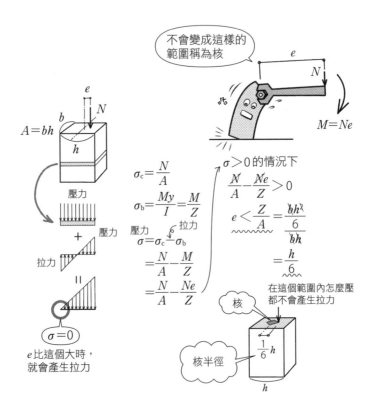

- 核半徑 e 以 $\frac{Z}{A}$ 表示。基礎底面不會發生拉應力的範圍，以其邊長 h 表示時，為 $e \leqq \frac{h}{6}$。若是計算圓形斷面的核半徑，則為圓直徑的 $\frac{1}{8}$。圓的 $\frac{1}{8}$ × 直徑範圍內有壓力作用時，不會產生拉力。
- 由於土不會拉住基礎，壓核範圍的外側時，$\sigma < 0$ 的部分的基礎底面不會有重量作用，成為無法支撐的部分。
- core的原意為蘋果等的芯。

Q 有橫向力作用在柱上時，會在構材上產生拉應力嗎？

▼

A 依據橫向力的大小，有可能產生拉應力。

如下圖，考量柱有橫向力 Q 和垂直應力 P 作用的情況。橫向力 Q 往下 h 距離的位置，會產生 $M = Q \times h$ 的彎矩。分散在斷面上成為 σ_b，左側邊緣有大小為 $\dfrac{M}{Z}$ 的拉應力作用。與壓力荷重 P 產生的壓應力 σ_c 比較時，若是 σ_b 較大，左側就會產生拉應力。

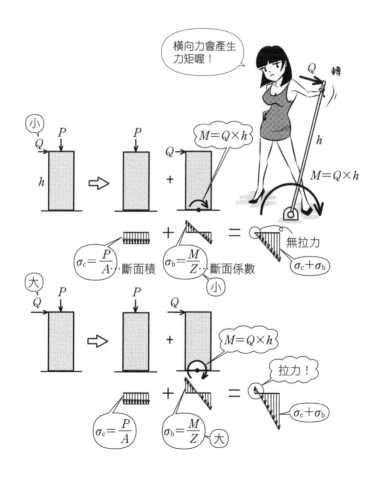

●有偏心荷重或橫向力作用的柱，會有 $\sigma_c + \sigma_b$ 組合而成的應力。

Q 在梁上的剪應力 τ 會如何作用？

▼

A 中央較大，越往上下兩端越小。

 彎曲應力 σ_b 是越往邊緣越大，剪應力 τ 則是越往邊緣越小。要注意兩者相對於斷面都是不均等的作用方式。另外，彎曲應力為直線變化，剪應力為曲線變化。

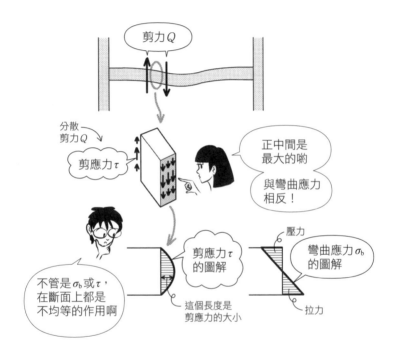

剪力 Q

分散
剪力 Q

剪應力 τ

正中間是
最大的喲

與彎曲應力
相反！

不管是 σ_b 或 τ，
在斷面上都是
不均等的作用啊

剪應力 τ
的圖解

這個長度是
剪應力的大小

壓力

彎曲應力 σ_b
的圖解

拉力

● 可以直接利用內力除以斷面積得到應力的，只有單純承受壓力及拉力的時候。其他如彎曲應力要用斷面二次矩 I 等來計算，剪應力則是用斷面二次矩 I、斷面一次矩 S 等來計算。

Q 梁的斷面有垂直剪應力作用時，也會有水平剪應力作用嗎？

▼

A 除了上下端之外，都有在作用。

將梁取出一個骰子狀來看，垂直剪應力作用在左右，是一對上下平衡的力。但若是只有上下的剪應力在 y 方向平衡，有可能產生轉動。因此，在左右的方向也會有一對抵抗轉動的水平剪應力在作用。

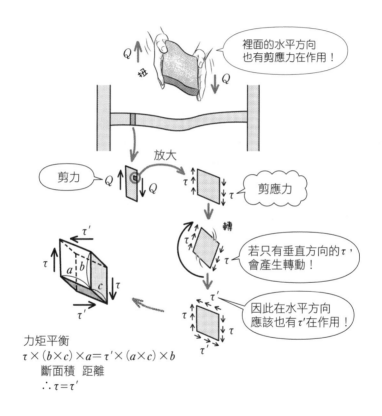

力矩平衡
$$\tau \times (b \times c) \times a = \tau' \times (a \times c) \times b$$
　　斷面積　距離
$$\therefore \tau = \tau'$$

●即使大小相等、方向相反，作用點不同時，還是會產生轉動的力矩。大小相等、方向相反的一對力矩稱為力偶（參見 R084）。力偶雖然在 x、y 方向為平衡，但力矩並非平衡，要特別注意。不管以哪裡為中心計算，力偶的力矩大小都一樣，以一邊的力大小 × 力的間隔。

Q 梁的斷面上，剪應力τ為0的地方在哪裡？

▼

A 在上下端。

將梁的下端切出骰子狀來看。下方什麼都沒有，也沒有往橫向作用的水平剪應力τ′。若是僅骰子上方的面有τ′作用，x方向無法平衡，因此上方的面也沒有τ′作用。沒有τ′，而有垂直剪應力τ的話，就會產生轉動。所以τ也是0。梁上下端的τ、τ′都是0。

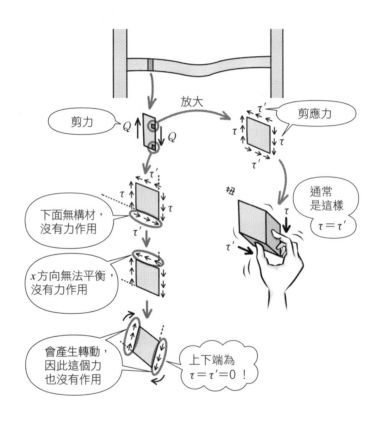

● 除了上下端之外，在橫向都有τ′作用，因此τ＝τ′的剪應力會在直交的切斷面上作用。τ的方向與剪力Q相同，τ′的方向則是與τ的轉動方向相反。

Q 梁斷面的最大剪應力 τ 在哪裡？

▼

A 中央部位為最大。

剪應力 τ 以中央部位最大，上下端為 0；彎曲應力則是上下端最大，中央部位為 0。

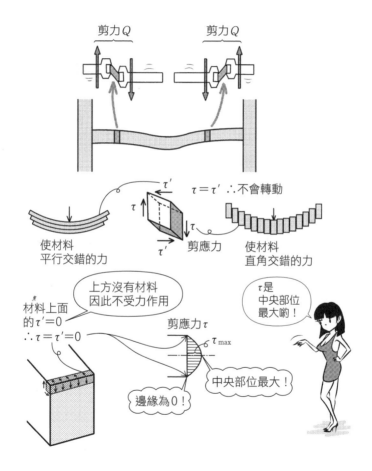

● 雖然剪力 Q 是分散在整個斷面，但可分成與構材軸成直交方向的 τ，以及成平行方向的 τ' 來考量。如圖所示，切出的微小構材並沒有轉動，因此 τ 與 τ' 的大小相同。來看構材上端的 τ'，構材上端沒有平行的力作用，因此 $\tau' = 0$，與之平衡的 τ 也是 0。

Q 剪力為 Q、斷面積為 A 時，長方形斷面、圓形斷面的剪應力最大值 τ_{max} 是多少？

A 分別為 $\frac{3}{2} \times \frac{Q}{A}$、$\frac{4}{3} \times \frac{Q}{A}$。

$\frac{Q}{A}$ 稱為純剪應力或平均剪應力，並非真實的應力大小。實際上剪力 Q 並不是均勻分布在斷面上，而是中央最大，邊緣為0。因此，$\frac{Q}{A}$ 乘上 $\frac{3}{2}$、$\frac{4}{3}$ 的值為 τ_{max}。

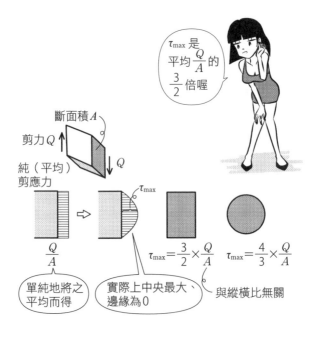

- $\tau = \frac{S_1 Q}{Ib}$（S_1 為所求點上的斷面一次矩，b 為寬度）可求得各點的 τ。
- 由算式可知最大剪應力與長方形的縱橫比無關，而是由面積決定。不管是縱長還是橫長，斷面積越大的構材，抗剪力越強。

Q 應力有哪些種類？

▼

A 如下圖。

◆ 包括軸力N產生的垂直應力σ（σ_c、σ_t）、彎矩M產生的彎曲應力σ_b、剪力Q產生的剪應力τ。順帶一起記住這些應力的最大值吧。

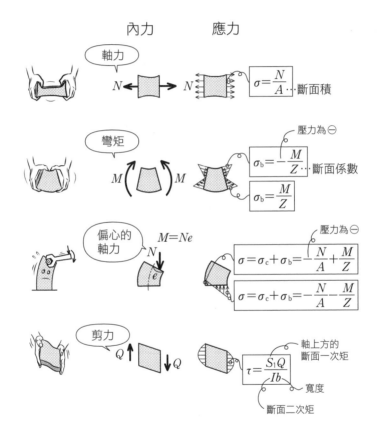

Q 垂直應力、剪應力是什麼？

▼

A 作用在切斷面垂直方向的應力，以及平行方向的應力。

彎曲、壓力、拉力、剪力所產生的應力，分解後可以整理為垂直應力和剪應力兩種。彎矩也可以分解成小的垂直應力。一般來說，垂直應力以 σ、剪應力以 τ 來表示。

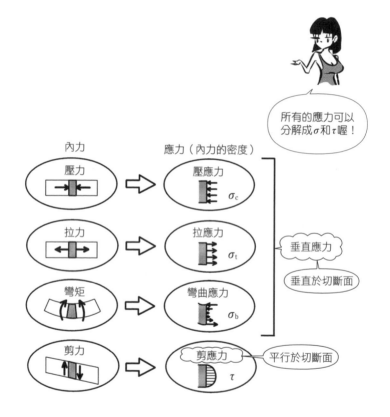

所有的應力可以分解成 σ 和 τ 喔！

- σ_b 的 b 是 bending（彎曲）的 b，以便與壓力、拉力的應力 σ（參見 R125）做區別。壓力（compression）、拉力（tension）的應力分別以 σ_c、σ_t 區分表示。壓力和彎曲同時作用時，就是 $\sigma_c + \sigma_b$，垂直於斷面的合成應力。
- 從建物整體的重量、地震或颱風的荷重，都可以計算建物各部位的內力、應力。先考量構材是否能夠承受建物各部位的垂直應力、剪應力，就可得知建物的承重程度。

Q 長方形斷面的簡支梁承受均布荷重時，各點的彎曲應力σ_b和剪應力τ如何作用？

A 如下圖，彎矩M大的地方，σ_b隨之往上下端變大；剪力Q大的地方，τ會從中立軸的位置變大。

隨著梁位置的不同，M與Q的大小隨之改變，因此σ_b、τ也會改變。彎曲應力σ_b是在上下端為最大，剪應力τ則是在中立軸位置為最大。

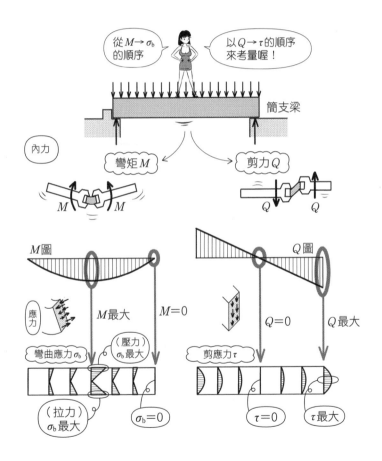

Q 柱端部以直角剛接的長方形斷面梁，在承受均布荷重時，各點的彎曲應力σ_b和剪應力τ如何作用？

▼

A 如下圖，彎矩M大的地方，σ_b隨之往上下端變大；剪力Q大的地方，τ會從中立軸的位置變大。

梁端部的拘束狀態會讓M、Q的大小改變，端部和中央的M會變大，Q則是端部會變大。σ_b、τ隨著M、Q的大小成比例變化。

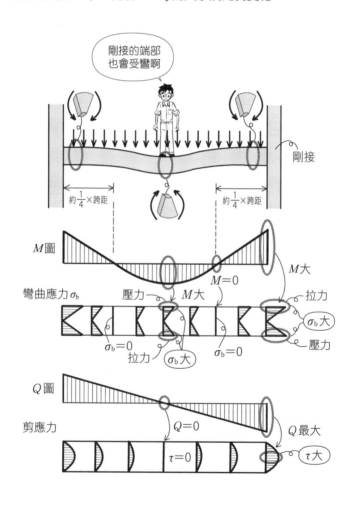

Q 考量右側垂直、左側以45°向右下切斷，如下圖的靜止構材。右側以向
　　右√2N的拉力作用時，左側斷面的垂直力、平行力是多少？

A 垂直斷面的力為1N，平行斷面的力也是1N。

在求取斜切面的應力時，要考量力之間的平衡。由於是傾斜之故，斷面
不只有垂直拉力，還要有水平壓力才能平衡。

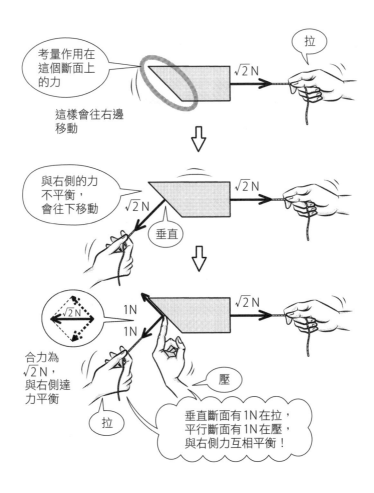

Q 與構材軸線直交的面，以某個角度切斷時，該切斷面的垂直應力、剪應力會依切斷角度不同而異嗎？

▼

A 會。

如下圖，左右受拉的構材，考量沿著 y 軸傾斜 θ 的切斷面。先看構材右側斷面的力平衡，σ_θ 向下傾斜，未與 σ_x 平衡。為了與 σ_x 保持平衡，斷面上要有平行向上的 τ_θ 作用（τ_θ 和 σ_θ 的合力與 σ_x 平衡）。θ 越大，τ_θ 越大。

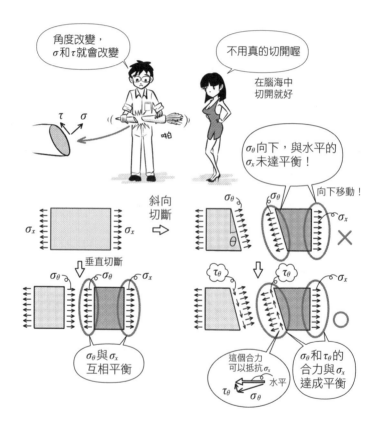

• 構材斷面上有兩種力作用，一是垂直斷面的垂直應力，一是平行斷面的剪應力。沒有這兩種以外的應力作用。彎矩也可以分解成水平、垂直的應力作用。

Q 前項受到拉應力 σ_x 作用的斜切構材，τ_θ 最大時的角度是多少？

A 45°時為最大。

切斷面從垂直漸漸傾斜時，τ_θ 會越來越大。角度為 45°時，τ_θ 為最大，之後漸漸變小，在 90°時變成 0。

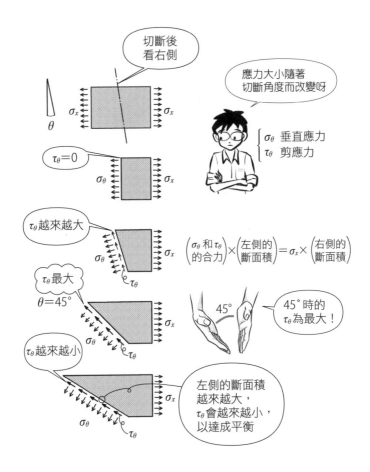

切斷後看右側

應力大小隨著切斷角度而改變呀

$\begin{cases} \sigma_\theta & 垂直應力 \\ \tau_\theta & 剪應力 \end{cases}$

$\tau_\theta = 0$

τ_θ 越來越大

$\begin{pmatrix} \sigma_\theta \ 和 \ \tau_\theta \\ 的合力 \end{pmatrix} \times \begin{pmatrix} 左側的 \\ 斷面積 \end{pmatrix} = \sigma_x \times \begin{pmatrix} 右側的 \\ 斷面積 \end{pmatrix}$

τ_θ 最大

$\theta = 45°$

45°時的 τ_θ 為最大！

τ_θ 越來越小

左側的斷面積越來越大，τ_θ 會越來越小，以達成平衡

- 斜率越來越大時，切斷面的面積也越來越大。即使 τ_θ 越來越小，τ_θ 的合計（$\tau_\theta \times$ 斷面積）還是會越來越大。角度大於 45°，切斷面隨之變大，τ_θ 雖然變小，還是會與右側切斷面的力 σ_x 達到平衡。

Q 只有拉力作用的話,可以達到剪力破壞嗎?

▼

A 45°方向有剪力作用時,會產生剪力破壞。

鋼受到拉力破壞時,原子之間會產生斜向交錯。那就是剪力。即使只是受拉力作用,物質內部還是會產生剪應力。

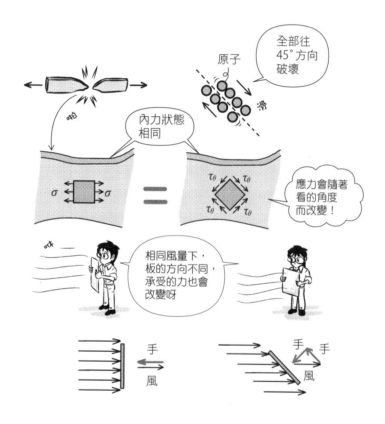

- 如圖解的下半部,承受風的板只要改變角度,就算風的強度不變,所承受的力也會改變。物質內部的應力也是,只要座標系改變,σ_θ 和 τ_θ 就會改變。只有座標系改變,而不是物質或內力狀態的改變。

Q 將承受拉應力 σ_x 作用的構材，以各種不同角度 θ 切斷時，作用在切斷面的 σ_θ、τ_θ 的關係，用圖解表示會是什麼形狀？

A 如下圖，為一個圓。

中心為 $(\frac{\sigma_x}{2}, 0)$、半徑為 $\frac{\sigma_x}{2}$ 的圓，稱為莫爾圓（Mohr's circle）。從 σ_θ 軸轉 2θ 角度的 $(\sigma_\theta, \tau_\theta)$，是表示構材以角度 θ 切斷時的應力大小。

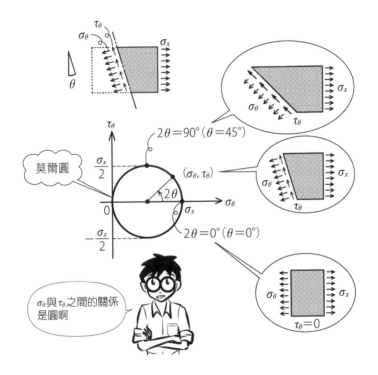

- $\theta = 0°$ 時，$2\theta = 0$，橫軸 σ_θ 的最大值 $= \sigma_x$。$\theta = 45°$ 時，$2\theta = 90°$，縱軸 τ_θ 的最大值 $= \frac{\sigma_x}{2}$。
- 即使是沒有剪力作用的構材，也會因為拉力、壓力（符號與拉力相反）而在 45° 方向產生較大的剪應力。相較於拉力、壓力，對於抵抗剪力極弱的材料而言，在承受拉力、壓力作用時，就可能在 45° 方向發生剪力破壞。

Q 除了前項水平方向的拉力 σ_x 之外，若是縱向也有拉應力 σ_y，再加上剪應力 τ 的作用時，σ_θ、τ_θ 的關係如何以圖解表示？

A 以圓表示。

轉動切斷面，使 x 方向、y 方向的平衡式成立，重新整理之後，σ_θ、τ_θ 都會成為漂亮的圓方程式。就記住 σ_θ、τ_θ 之間的關係為圓吧。

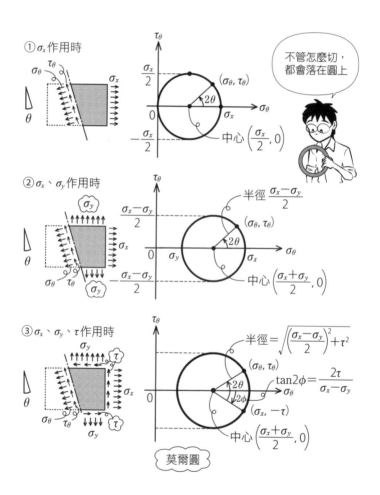

莫爾圓

Q 考量右側垂直、左側以45°向右下切斷，如下圖的靜止構材。右側以向上1N、上側以向右1N的壓力作用時，左側45°斷面的垂直力、平行力是多少？

A 垂直斷面的拉力為√2N。

為了讓1N的兩個力互相平衡，左下45°方向必須有√2N的力作用。只有平行力（剪力）作用的情況也一樣，斜切的斷面上會有垂直力作用。

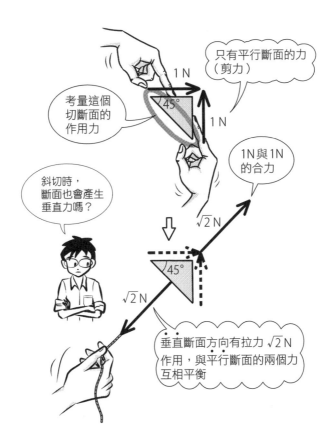

● 垂直切斷面只有剪力作用時，力的關係如上述，可以簡單表現出剪力與斜向拉力的關係。實際上應該考量應力×斷面積＝內力之間的平衡關係。

Q 梁中立軸上的彎曲應力 $\sigma_b = 0$，在剪應力 τ 最大的地方會有拉、壓應力的作用嗎？

▼

A 會往 45° 方向作用。

中立軸的垂直面 $\sigma_b = 0$，在 45° 方向則有 σ_θ 作用。

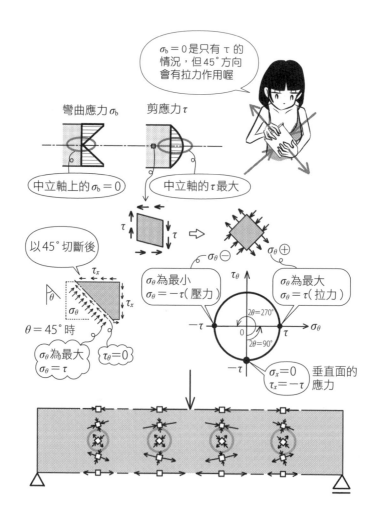

Q 混凝土因剪應力產生開裂時，其方向為何？

▼

A 45°方向。

剪應力τ作用時，45°方向會有拉應力 σ_θ 作用（參見R171）。混凝土抗壓較強，抗拉較弱，在拉力方向容易開裂。

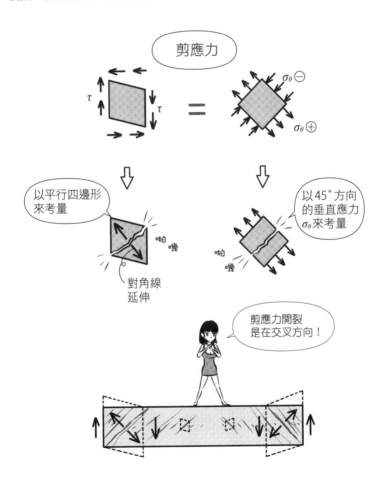

●莫爾圓中，當 $\theta = 45°$ 時，σ_θ 為最大。就算不以莫爾圓考量，以上圖左的平行四邊形變形來考量，就可以知道拉的方向，也能想像出可能的開裂方向。

Q 混凝土因彎曲應力產生開裂時,其方向為何?

▼

A 構材的垂直方向。

🔲 彎矩 M 產生的彎曲應力 σ_b,以上下端為最大,與材軸沿相同方向作用,因此是垂直開裂。

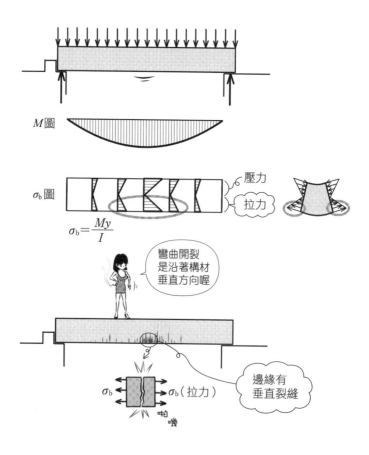

$$\sigma_b = \frac{My}{I}$$

彎曲開裂是沿著構材垂直方向喔

σ_b → σ_b(拉力)

邊緣有垂直裂縫

Q 主應力是什麼？

▼

A 構材內部依角度的不同，會有剪應力 τ_θ 為0的切斷面存在。此時的垂直應力 σ_θ 就稱為主應力。

直交兩方向的主應力中，較大者稱為該點的最大主應力，較小者稱為最小主應力。

[求主應力的方法]
①計算 M 與 Q
②計算中立軸某高度的 σ_b 與 τ
③計算使 $\tau_\theta = 0$ 的 θ 與 σ_θ

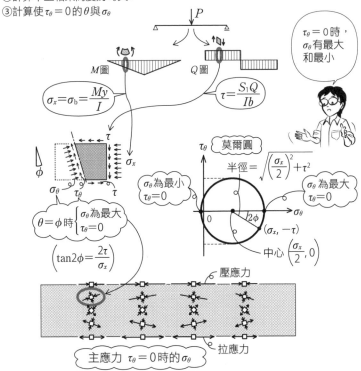

主應力 $\tau_\theta = 0$ 時的 σ_θ

• 求得構材某個點的彎矩 M、剪力 Q，再求出該點垂直切斷後的應力 σ_b（$= \sigma_x$）、τ。接著從莫爾圓求得 σ_θ 在最大、最小時的 θ 與 σ_θ。上圖的 ϕ 大小由 σ_x 與 τ 決定。

Q 主應力線是什麼？

▼

A 將最大主應力的軌跡連起來，表現出主應力流向的圖形。

 主應力有最大及最小兩種，通常是連結最大的點。下圖為簡支梁受到集中荷重作用的情況，拉力的主應力線會向下突出，壓力的主應力線則是向上突出。

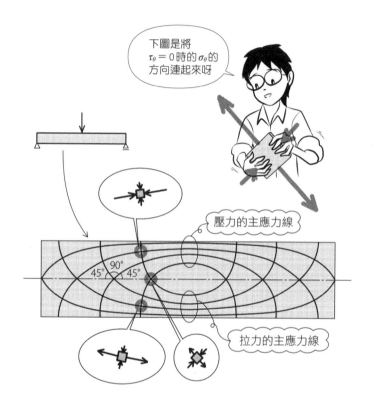

● 拉力的主應力線與壓力的主應力線呈90°交錯，主應力線與中立軸則是45°交錯。

Q 鋼和混凝土，其強度與彈性模數的關係是什麼？

▼

A 鋼的彈性模數為一定值，與強度無關；混凝土則是強度越高，彈性模數越大。

鋼的彈性模數約為 2.05×10^5（N/mm²），為定值；混凝土的彈性模數隨著強度的平方根而成比例變大。

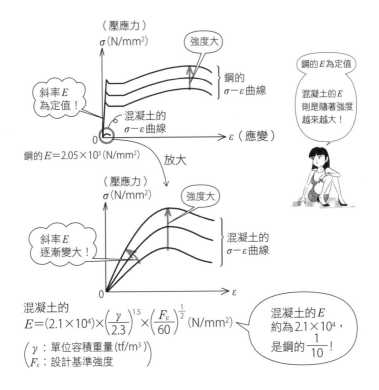

混凝土的
$$E = (2.1 \times 10^4) \times \left(\frac{\gamma}{2.3}\right)^{1.5} \times \left(\frac{F_c}{60}\right)^{\frac{1}{2}} \text{ (N/mm}^2)$$

$\left(\begin{array}{l} \gamma：單位容積重量 (tf/m^3) \\ F_c：設計基準強度 \end{array}\right)$

- 用以計算混凝土彈性模數的算式如上，適用於壓縮強度在36N/mm²以下的混凝土，超過36N/mm²時適用其他算式。此時的彈性模數會與設計基準強度的立方根成比例變化。
- 混凝土的 $\sigma-\varepsilon$ 曲線（應力－應變曲線）不像鋼一樣有直線部分，通常以最大強度 1/3 左右的點與原點相連的直線斜率作為彈性模數。

Q 材料強度是什麼？

▼

A 材料抵抗應力的最大值。

透過壓縮試驗、拉伸試驗可以得到應力－應變圖，該圖解的最大值就是強度。不管是鋼或混凝土，越過最大應力之後，就算力量不增加，也會持續變形直至破壞。將鋼和混凝土的應力－應變圖，以壓縮在右、拉伸在左的方式呈現在同一圖解中時，會得到如下圖的關係。

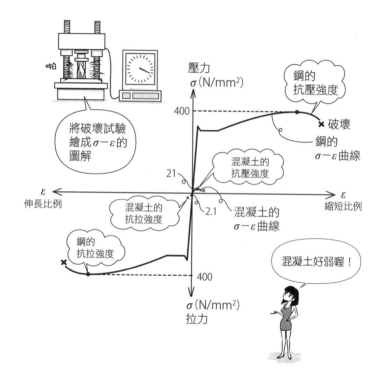

- 相較於混凝土，鋼的強度非常高，混凝土幾乎沒有抗拉強度可言。經過精煉的金屬材料與水泥、砂、礫石混合的材料，兩者的不同點在於一個是工業製品，一個是現場製作。
- 鋼的抗壓和抗拉強度都是 $400N/mm^2$ 左右。混凝土的抗壓強度為 $21N/mm^2$ 左右，只有鋼的約 1/20，和赤松樹幾乎相同；抗拉強度是 $2.1N/mm^2$ 左右，只有抗壓的 1/10 左右，相當微弱，因此使用在建物上時，一定要在拉力側加入鋼筋補強，才能予以支撐。

Q 鋼的強度與溫度的關係是什麼？

▼

A 在200～400℃為最大，之後隨著溫度上升，強度逐漸降低。

鋼加熱時容易變形。鋼有**藍脆性**（blue brittleness），在200～400℃時，強度比在常溫時增加，也不容易變形。而強度持續增加會失去黏性，材料變硬後容易脆化破壞。

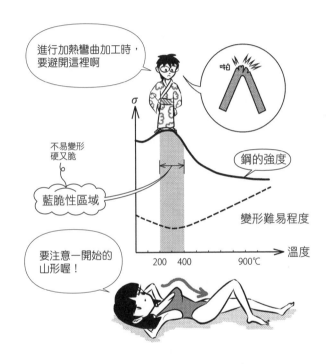

- 鋼不耐火，在火災等的高溫下，會像糖果般彎曲變形，失去強度。500℃時強度約減半。鋼不管是強度或彈性模數都很優良，但缺點是不耐火又怕水。這兩個缺點要用混凝土等來補足。
- 加熱鋼進行彎曲加工時，要避開青熱狀態（200～400℃），在赤熱狀態（850～900℃）下進行。

Q 混凝土的材齡與強度的關係是什麼？

▼

A 如下圖，呈現往右上彎折的曲線。

 從澆置混凝土到硬固，需要花費數日。澆置後28天，也就是4週之後，一定會超過結構設計上的**設計基準強度**（F_c）。

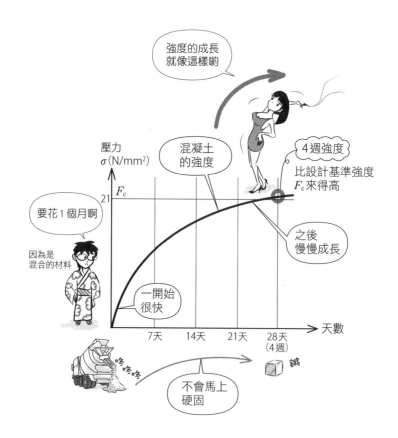

- 混凝土的設計基準強度記號 F_c 的 F 是 force（力），c 是 compression（壓縮）。其他還有耐久設計基準強度 F_d（d 為 durability）、品質基準強度 F_q（q 為 quality）等。
- 在日本的基準法條文中，設計基準強度以 F 表示。F_c、F_d、F_q 之間的區別是根據 JASS5 的規定〔譯註：JASS 為日本建築學會所出版的建築標準方法書（含圖解），JASS5 是專談鋼筋混凝土工程的章節〕。有算式可以確定最後強度，其中包含耐久性與強度的誤差。

Q 在水灰比大時，混凝土的強度比較小還是比較大？

▼

A 比較小。

■ 水灰比是指水 ÷ 水泥的數值。水比水泥多時，混凝土的強度會變小。

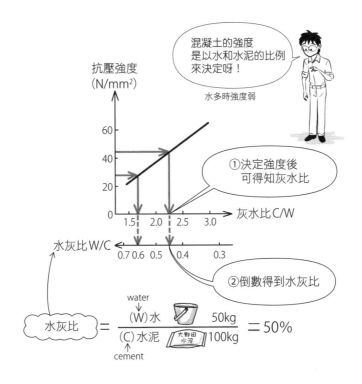

- 混凝土的強度與灰水比幾乎是等比例，決定好強度之後就可得知灰水比。倒數為水灰比。
- 水灰比大時，除了強度變小，乾縮也會變大，容易發生開裂。但也不是水少就好，水不夠時混凝土難以硬固，而且水少會讓預拌混凝土無法流動而造成施工性不佳。水分要在可施工和混凝土可硬固的最小範圍內取得平衡，才是最佳狀態。

Q 容許應力是什麼？

▼

A 不超過結構計算中的各斷面應力，同時是日本建築基準法規定的容許範圍內的最大值。

各材料的基準強度係依安全範圍而定。混凝土在受壓的情況下，相對於設計基準強度 F，其**長期容許應力**為 $\dfrac{F}{3}$，**短期容許應力**為 $\dfrac{2F}{3}$。結構計算中得到的應力，都不能超過應力限度。

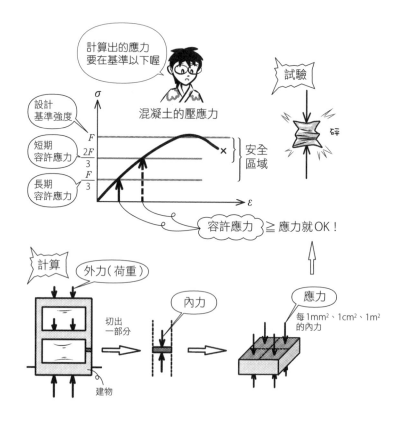

● 調查材料的強度時，混凝土、鋼、木等的材料類別，彎曲、壓力、拉力、剪力等的應力種類，承受荷重的長期、短期等，都會影響容許應力的大小。關於長期、短期請參見 RI82。

$\mathbf{Q}$ 如何決定鋼的容許應力？

$\mathbf{A}$ 比較極限應力 ×0.7 與降伏點的值，以較小者作為基準強度 F，以 $\frac{F}{1.5}$ 為長期容許應力，F 為短期容許應力。

🔲 鋼是以降伏點與最大值 ×0.7 之中的較小者作為基準強度。彎曲、壓力、拉力都同樣是 $\frac{1}{1.5}$（$= \frac{2}{3}$），剪力則是 $\frac{1}{1.5\sqrt{3}}$。

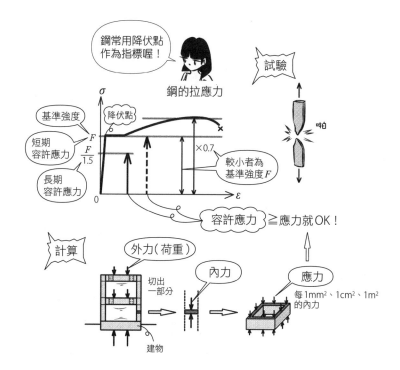

- 正確地説，是比較極限應力 ×0.7 的下限值與降伏點的下限值，以較小者作為基準強度 F。由於試驗時無法直接得到極限應力、降伏點的定值，因此以下限值的方式表示。
- 相較於混凝土，鋼的強度非常高，彈性區域也很大，還有稱為降伏點的特異點。不管是基準強度或鋼材的名稱，都是以降伏點為基礎訂出來的。
- $\frac{F}{1.5}$ 的 1.5 稱為安全係數。混凝土的 $\frac{F}{3}$ 中，安全係數就是 3。現場製作的混凝土會規定在保守範圍內。

Q 檢定比是什麼？

A $\dfrac{\text{應力}}{\text{容許應力}}$ 。

檢定比是將結構計算所得到的應力，與法定的容許應力相比，可以計算出材料還有多少餘裕。檢定比若為0.6（60%），表示還有40%的餘裕。

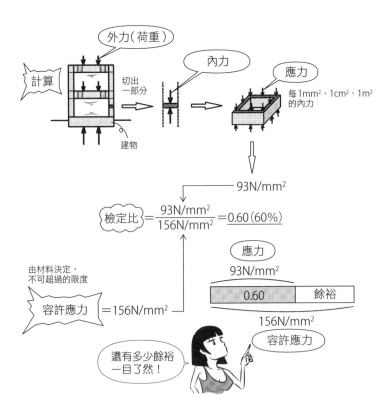

● 由材料決定，不可超過的限度＝容許壓應力為156N/mm² 的材料，結構計算而得的壓應力為93N/mm²。由於93<156，可知沒有問題，但還不知道有多少餘裕。此時可以透過計算 $\dfrac{93}{156}=0.60$ 的比，得知還有40%的餘裕。

Q 鋼材規格 SN400、SS400、SM400 的數字代表什麼？

▼

A 表示極限應力的下限值為 400N/mm²。

■ 製鐵廠出產的製品常附有 400 的標示，雖然多少會有誤差，但保證其最大極限應力至少會高於 400N/mm²。

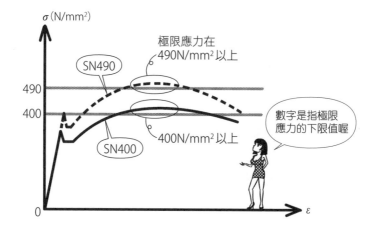

- SN（steel new structure）是建築結構用壓延鋼材，SS（steel structure）是一般結構用壓延鋼材，SM（steel marine）是銲接結構用壓延鋼材。
- SN 材是從使用於土木、造船、機械用的 SS 材和 SM 材等的建築結構用材改良而來的規格。為塑性區域內變形性能、銲接性能較優良的鋼材。SM 的 M 為 marine，是海的、船舶的之意，開發為造船用易於銲接的鋼材。
- 壓延是指將高爐中熔化成橘色的鋼，「壓」成長條狀或棒狀，再「延」成板狀的長形鋼材。筆者曾前往君津製鐵廠參訪，對於製鐵的各項工程深受感動。鐵放入巨大容器內熔化流動的畫面，彷彿看見太陽表面一樣震撼。此外，製鐵廠內巨大得不可思議的各項設備，也值得一看。

Q 梁材從SN400變更為SN490時，撓度會變小嗎？

▼

A 由於彈性模數 E 相同，撓度也會相同。

SN400、SN490的數字，是指極限應力的下限值。撓度是由彈性模數 E 與斷面二次矩 I 所決定（參見R206～208），因此就算變成SN490，撓度還是一樣。

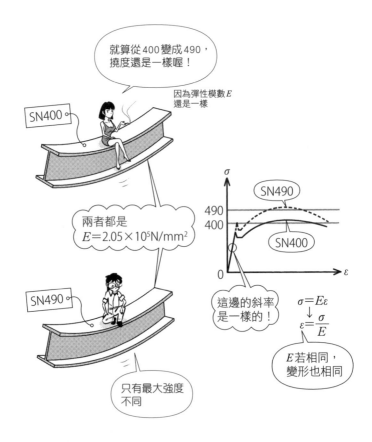

Q BCR235 是什麼？

A 冷滾軋成型方型鋼管，降伏點的下限值為235N/mm² 的規格。

BC為 box column，即箱型柱，roll為滾軋成型的意思，合起來就是BCR。冷滾是指加工時不加熱直接滾壓。方型鋼管也有稱為BCP（冷壓成型方型鋼管）的類型。另外還有圓形鋼管STKN，也一起記下來吧。

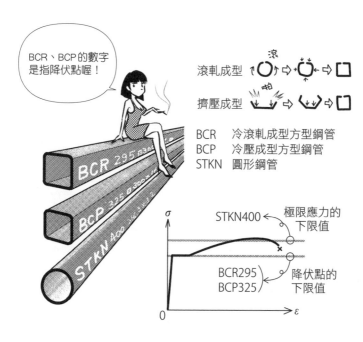

BCR、BCP 的數字是指降伏點喔！

滾軋成型

擠壓成型

BCR　冷滾軋成型方型鋼管
BCP　冷壓成型方型鋼管
STKN　圓形鋼管

• BCP的BC為box column。P為press＝擠壓成角形的意思。STKN的ST為steel tube＝鋼管，K為kouzou＝構造（日文讀音），N為new＝新的圓形鋼管規格。BCR295、BCP325的數字表示降伏點的下限值，STKN400的數字則是表示極限應力的下限值。

Q SD345是什麼？

▼

A 鋼筋混凝土用竹節鋼筋，降伏點的下限值為345N/mm² 的規格。

■ **竹節鋼筋**為SD（steel deformed bar），光面鋼筋（圓鋼筋）為SR（steel round bar），數字表示降伏點的下限值。

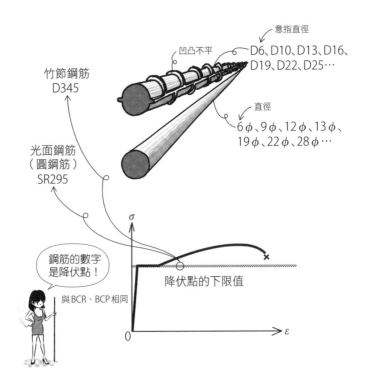

- 竹節鋼筋的表面附有凹凸，與混凝土之間有良好的附著效果。
- 直徑約10mm的竹節鋼筋為D10，直徑9mm的光面鋼筋（圓鋼筋）則寫成9φ。

Q S10T、F10T是什麼？

▼

A 扭剪型（torshear）高拉力螺栓、高拉力六角螺栓的極限應力為10tf/mm²
（100kN/mm²）的規格。

高拉力螺栓是藉由強力的拉力效果將板之間緊密接合，以摩擦來傳遞力
量的接合方式。普通螺栓是藉由螺栓的軸來抵抗板的錯動。柱梁的接
合、柱之間的接合，一般是使用高拉力螺栓。T可以想成是拉力（ten-
sion）的T，或是「10tf/mm²」的噸（ton）。

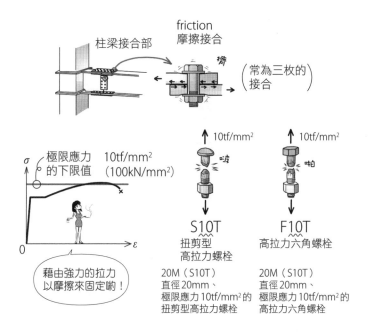

- S為structural joint（結構的接合），F為friction joint（摩擦接合），T則是tension
  （拉力）。
- 高拉力螺栓的直徑以M表示。直徑20mm、極限應力10tf/mm²的高拉力六角螺栓
  可用20M（F10T）表示。
- 高拉力螺栓為high tension bolt，也可用HT表示。high tension是高拉力的意思。

Q 1. 鋼材 SN400、SS400、SM400 的數字代表什麼？
2. 箱型柱 BCR235、BCP325 的數字代表什麼？
3. 鋼筋 SD345、SR295 的數字代表什麼？
4. 高拉力螺栓 S10T、F10T 的數字代表什麼？

▼

A 1. 極限應力的下限值。
2. 降伏點的下限值。
3. 降伏點的下限值。
4. 極限應力的下限值。

鋼製品的規格是以極限應力或降伏點來表示。極限應力為應力的最大值，降伏點為彈性上限的應力值。鋼具有延展性，從降伏點到最大值之間還有餘裕。規格後面的數字意義，這裡重新一併記住吧。

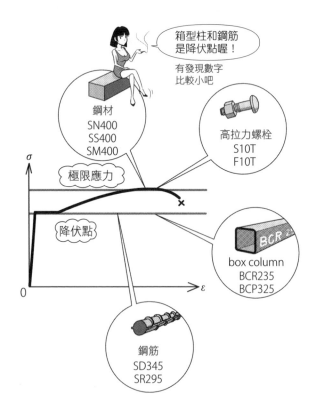

Q 含水率高的木材，其強度如何？

▼

A 會降低。

含水率達30%時，強度會下降，30%的水分形成飽和狀態，之後不管吸收再多水分，強度幾乎不會改變。含水率30%的狀態稱為纖維飽和點（fiber saturation point, FSP）。

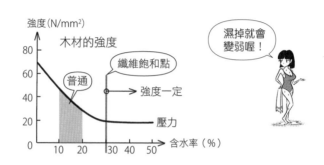

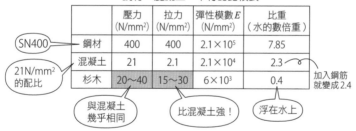

鋼材、混凝土、木材的比較表

		壓力 (N/mm²)	拉力 (N/mm²)	彈性模數 E (N/mm²)	比重 （水的數倍重）
SN400 →	鋼材	400	400	$2.1×10^5$	7.85
21N/mm² 的配比 →	混凝土	21	2.1	$2.1×10^4$	2.3
	杉木	20～40	15～30	$6×10^3$	0.4

與混凝土幾乎相同　　比混凝土強！　　浮在水上

加入鋼筋就變成2.4

- 日本建築基準法中的材料強度（規定在保守值），杉木的壓力是20～40N/mm²左右、拉力是15～30N/mm²左右（依等級而異），壓力與混凝土幾乎相同，拉力大約是混凝土的10倍強度。
- 筆者曾前往茨城縣參訪出口檜木的製材廠。該廠利用機械乾燥使含水率在20%以下、彈性模數保持在130tf/cm²（1.3×10⁴N/mm²）以上，木材印上20與130的數字後再出貨。以彈性模數區分木材等級，稱為機械等級區分，也就是利用機械在木材上敲打來判斷彈性模數。除了機械等級區分，還有目視等級區分。

Q 當梁上的荷重增加，斷面的一部分超過降伏點時，彎曲應力 σ_b 會如何分布？

▼

A 如下圖，在靠近邊緣側的 σ_b 分布會出現定值的部分。

σ_b 超過降伏點 σ_y 時，就無法再抵抗，變形雖然增加，但應力會維持一定值。邊緣的應力會最先達到降伏點 σ_y，就算變形增加，σ_b 也不會比 σ_y 大。如果變形進一步增加，σ_y 的區域會從邊緣往中立軸方向擴大。

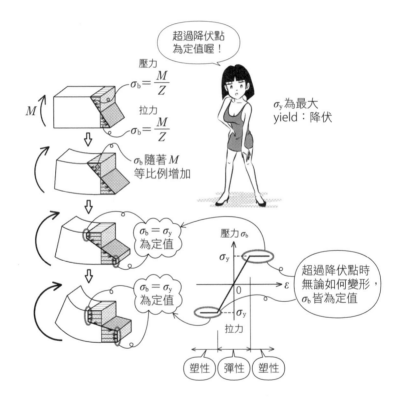

•上例是假設軸力未作用的狀態，就算超過降伏點，彎曲應力 σ_b 仍會維持一定值（即完全彈性體），降伏點在拉力側與壓力側的情況相同。
•σ_y 的 y 是 yield（降伏）的 y。

Q 塑性彎矩 M_p 是什麼？

▼

A 斷面全部成為塑性狀態時的彎矩。

前項的梁若是漸漸增加荷重，變形會增加但 σ_b 不會比 σ_y 大，降伏範圍從邊緣往中立軸擴大。如果進一步增加荷重，內部所有的點都會達到降伏點，全部成為 σ_y。此階段的 M 是全部為塑性狀態的彎矩，稱為塑性彎矩（plastic moment） M_p。

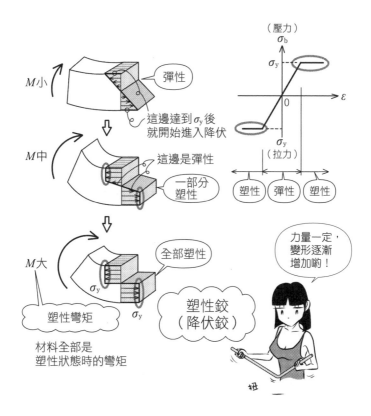

• 降伏點為材料達到可抵抗力量的上限，開始產生降伏的點，之後不管變形如何增加，抵抗的力都相同。全斷面降伏後，材料全部進入塑性區域，應力不會增加，只有變形不斷增加。這便稱為降伏鉸（yield hinge）或塑性鉸（plastic hinge）。在彈性狀態下，除去力量後會像橡皮筋一樣回復原狀；若是塑性狀態，即使除去力量也不會回復原狀。

Q 如何計算前項梁的塑性彎矩 M_p？

A 將對中立軸的力矩（降伏點的應力 σ_y × 面積 × 距離）合計起來即可得。

「降伏點的應力 σ_y × 面積」是 σ_y 的力總和。應力是往中立軸上下方向分布，乘上距離就得到力矩。壓力側與拉力側的力矩合計，會與塑性彎矩 M_p 平衡，成為材料的抵抗力。

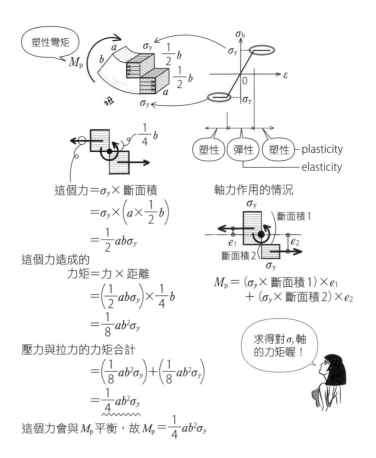

這個力 $=\sigma_y \times$ 斷面積

$$= \sigma_y \times \left(a \times \frac{1}{2}b \right)$$

$$= \frac{1}{2}ab\sigma_y$$

這個力造成的

力矩 $=$ 力 $\times$ 距離

$$= \left(\frac{1}{2}ab\sigma_y \right) \times \frac{1}{4}b$$

$$= \frac{1}{8}ab^2\sigma_y$$

壓力與拉力的力矩合計

$$= \left(\frac{1}{8}ab^2\sigma_y \right) + \left(\frac{1}{8}ab^2\sigma_y \right)$$

$$= \frac{1}{4}ab^2\sigma_y$$

這個力會與 M_p 平衡，故 $M_p = \frac{1}{4}ab^2\sigma_y$

軸力作用的情況

$$M_p = (\sigma_y \times 斷面積1) \times e_1$$
$$+ (\sigma_y \times 斷面積2) \times e_2$$

求得對 σ_y 軸的力矩喔！

● 上述為沒有軸力作用的情況，若軸方向有力作用，σ_y 的分布會變得不對稱（上方右側中間的圖），求得對中立軸的力矩和，就能得到 M_p 的大小。M_p 的 p 是 plasticity（塑性）的意思。彈性則是 elasticity。

Q 承受集中荷重，以塑性鉸形成的梁，鉸接的塑性區域是什麼形狀？

▼

A 如下圖，荷重下的彎矩最大部分會產生全斷面的塑性化。其兩側的上下端即為塑性區域的狀態。

越往上下端變形越大，彎曲應力越強，上下端會先達到降伏。此外，越靠近荷重的部分，其彎矩作用越強，就會形成如下圖的塑性區域。

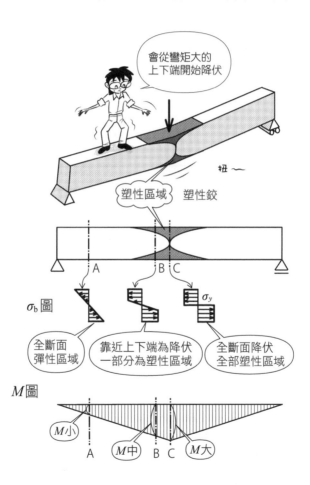

Q 鋼筋混凝土造的梁為塑性鉸時，斷面的應力是如何作用的？

▼

A 如下圖，拉力側是鋼筋的降伏強度，壓力側是混凝土的最大強度在作用。

混凝土在拉力側容易產生開裂，使中立軸向上移動。當混凝土達到最大強度、鋼筋達到降伏強度時，幾乎是以相同的力產生變形。

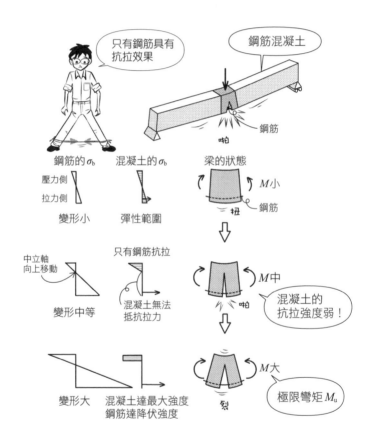

● 全斷面皆為降伏狀態時的力矩稱為極限彎矩，以 M_u 表示。M_u 的 u 是 ultimate（最終的）之意。鋼有明確的彈性界限＝降伏點，混凝土則是以山形的頂點取代降伏點來表示。

Q 如何求得鋼筋混凝土造梁的極限彎矩 M_u？

▼

A 從鋼筋的降伏強度 σ_y 來求得。

從橫向平衡可知拉力 T 與壓力 C 相同，即 $T = C$。T 與 C 對中立軸的力矩合計就是極限彎矩 M_u。就算不知道中立軸的位置，由於是力偶的關係，也可以從力 × 兩者之間的距離來求得。

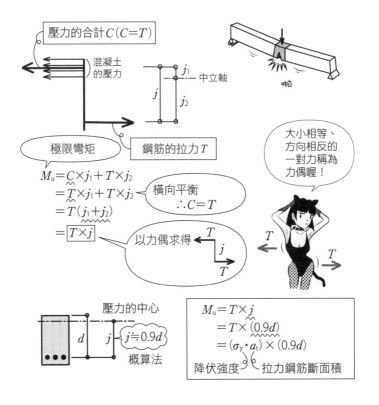

- 從鋼筋中心到梁上端的距離乘以 0.9，大約就是極限彎矩出現時的應力間距，因此可以概算求得 M_u。
- 力偶是力矩的一種特殊情況，為大小相等、方向相反的一對力。不管以哪裡為中心計算兩個力的力矩，合計起來都會是相同的值（力 × 間距）。

Q 求取H型鋼梁的塑性彎矩 M_p 的算式是什麼？

▼

A $M_p = \sigma_y \times Z_p$。$Z_p$ 為塑性斷面係數。

RC梁的情況下，要考量鋼筋與混凝土的降伏狀態，鋼骨梁則不管壓力或拉力都是鋼鐵，應力的狀態比較單純。可以從 $\sigma = \dfrac{M}{Z}$ 得到降伏狀態的算式 $\sigma_y = \dfrac{M_p}{Z_p}$，就可以求得 M_p。

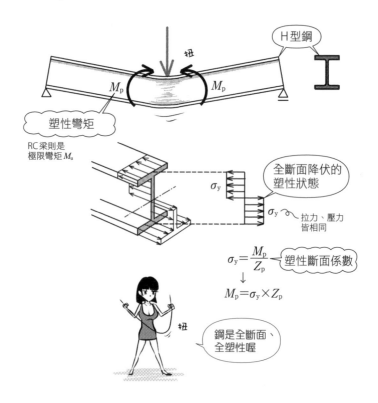

- H型鋼在塑性鉸的情況下，會形成全斷面降伏的塑性狀態，稱為塑性彎矩 M_p。RC梁則是如前述，混凝土的一部分斷面與鋼筋降伏的塑性鉸，稱為極限彎矩 M_u。
- Z_p 在結構力學教科書中有以列表方式記載的數值，計算時是由中立軸的上下著手，上方面積 × 至重心的距離＋下方面積 × 至重心的距離。即「(σ_y × 上方面積) × 至重心的距離＋(σ_y × 下方面積) × 至重心的距離＝σ_y 造成的力矩合計」。

Q 柱、梁剛接的塑性鉸狀態是什麼？

▼

A 柱與梁，何者彎矩 M 先達到塑性彎矩 M_p，就形成塑性鉸。

◆ 梁的 M_p 較小時，梁的全斷面會先達到降伏點 σ_y 產生降伏，形成塑性鉸。反之，若是柱的 M_p 較小時，柱的全斷面會先達到 σ_y 降伏，形成塑性鉸。

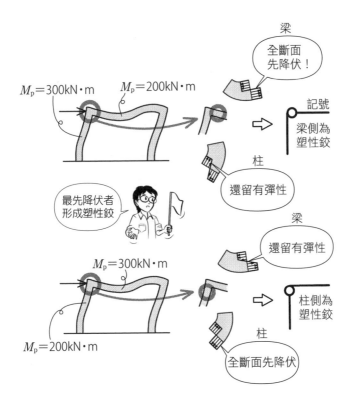

● 在上圖中，節點的構材只有兩個，在各構材端部產生的彎矩 M 會相等，若是多個構材集結的節點，各個 M 就不盡相同了。在這種情況下，要以所產生的 M 及各自的 M_p 關係，來決定哪個構材會先形成塑性鉸的狀態。

Q 1. θ很小時，$\tan\theta \fallingdotseq$？

　　2. 弧度是什麼？

▼

A 1. $\tan\theta \fallingdotseq \theta$。

　　2. 弧度＝$\dfrac{弧的長度}{半徑}$（$\theta = \dfrac{l}{r}$）。

兩者都是與角度有關的數學式，一起記下來吧。在結構力學中常用到。

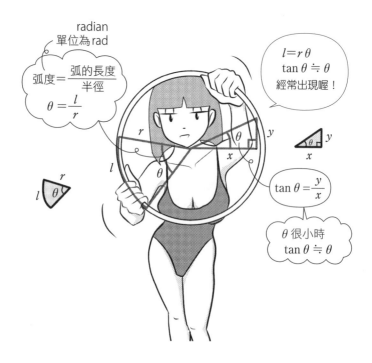

$\mathbf{Q}$ 力矩 M 轉動 θ 角所作的功（能量）是多少？

$\mathbf{A}$ $M \times \theta$。

力所作的功可用「力 ×（力方向的移動距離）」求得。變形成「力矩 M ＝力 × 距離 ＝ $P \times r$」時，可得到 $P = \dfrac{M}{r}$。移動圓弧長度 l 與半徑 r 的關係為 $l = r\theta$（弧度的定義：參見 R199），因此可推得 P 所作的功 ＝ $P \times l$ ＝ $\dfrac{M}{r} \times r\theta = M\theta$。

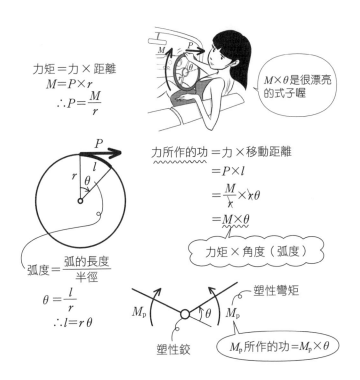

力矩＝力 × 距離
$$M = P \times r$$
$$\therefore P = \dfrac{M}{r}$$

$M \times \theta$ 是很漂亮的式子喔

力所作的功 ＝力 × 移動距離
$$= P \times l$$
$$= \dfrac{M}{r} \times r\theta$$
$$= M \times \theta$$

力矩 × 角度（弧度）

弧度 ＝ $\dfrac{\text{弧的長度}}{\text{半徑}}$
$$\theta = \dfrac{l}{r}$$
$$\therefore l = r\theta$$

塑性彎矩
M_{p}　M_{p}

塑性鉸

M_{p} 所作的功 ＝ $M_{\mathrm{p}} \times \theta$

● 塑性彎矩 M_{p} 的塑性鉸轉動 θ 時，塑性彎矩所作的功為 $M_{\mathrm{p}} \times \theta$。

● 功與能量的概念幾乎相同，作功的能力亦可稱為能量。單位一樣是 J（joule，焦耳）。J＝N（牛頓）×m（公尺）。1N 的力使物體移動 1m 時，就使用了 1J 的能量，即作了 1J 的功。

Q 如何從塑性彎矩 M_p 求得破壞時的荷重 P_u？

▼

A 由 P_u 所作的功＝M_p 所作的功來求得。

破壞瞬間的荷重 P_u 所作的功，會從內部傳遞，轉變成 M_p 所作的功。能量理當會相等（能量守恆定律）。

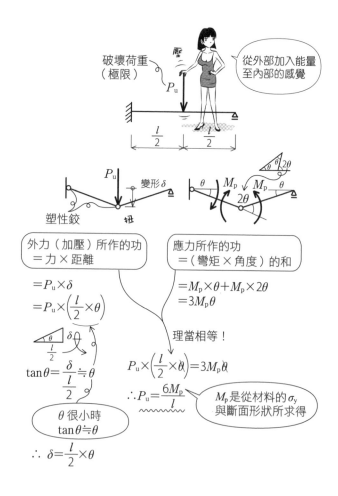

• 梁的全斷面超過降伏點，進入塑性區域，形成塑性鉸時的荷重，即破壞瞬間的荷重 P_u，稱為破壞荷重、極限耐力等。附有最終的、極限的之意的 ultimate 的 u。

• 其他應力所作的功比 M_p 小得多，可以忽略。

Q 門型構架要如何從塑性彎矩 M_p 求得破壞荷重 P_u？

▼

A 由 P_u 所作的功＝M_p 所作的功來求得。

和梁的情況相同，以外部能量＝內部能量的等式來求得。

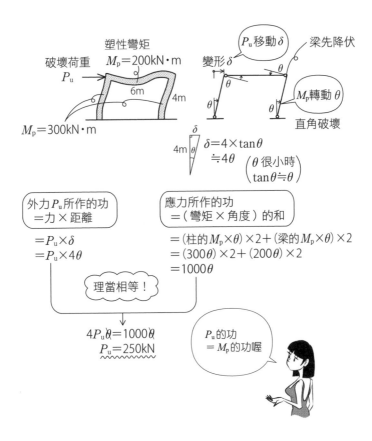

●不管能量如何變化，其總量維持一定者，稱為能量守恆定律。形成外力所作的功
＝內力所作的功＝儲存的變形能量的等式。算式中的 P_u 是假想只以 $P_u \times \delta$ 所作的
功所形成，也可稱為虛功原理（virtual work principle）。

Q 共軛梁法是什麼？

▼

A 假想虛擬荷重為 $\frac{M}{EI}$，藉以求得撓度 y（δ）、撓角 $\frac{dy}{dx}$（θ）的方法。

只要讓構材承受虛擬荷重，就可以很方便地求得撓度 y 和撓角 θ 的方法，稱為共軛梁法（conjugate beam method）。現在先記住虛擬荷重的式子 $\frac{M}{EI}$ 吧。

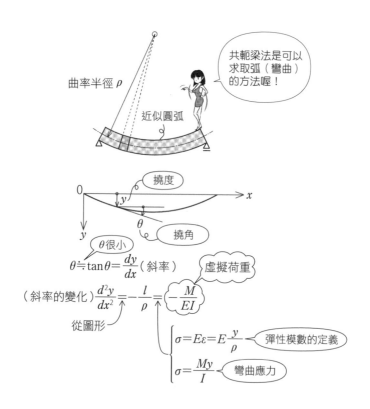

- 構材撓度可以利用半徑 ρ 的圓弧，將彈性模數的定義式 $\sigma = E\varepsilon = E\frac{y}{\rho}$、彎曲應力的算式 $\sigma = \frac{My}{I}$ 加入 $\frac{d^2y}{dx^2} = -\frac{1}{\rho}$ 之中整理一下，就可以導出撓度 y 的 2 次微分計算式 $= -\frac{1}{\rho} = -\frac{M}{EI}$。

Q 虛擬荷重 $\frac{M}{EI}$ 與撓度 y（δ）、撓角 $\frac{dy}{dx}$（θ）的關係是什麼？

A 承受虛擬荷重時的彎矩 M 會造成撓度 y，剪力 Q 會造成撓角 θ。

M微分會得到 Q、Q 微分會得到 $-w$ 的關係（參見 R111），對應到 y、$\theta = \frac{dy}{dx}$、$\frac{d^2y}{dx^2} = -\frac{M}{EI}$ 的算式，也可以推導出如上述的關係。

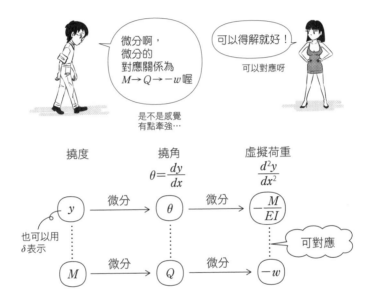

- 撓度是以有 y 的 $\frac{dy}{dx}$ 等式子所組成，一般以記號 δ 來表示撓度。最大撓度寫成 δ_{max} 等。至於撓角的 $\frac{dy}{dx}$，則常用 θ 表示。

7

撓度

Q 計算出簡支梁、懸臂梁的最大撓度 δ_{max}、最大撓角 θ_{max} 的順序是什麼？

A ①計算彎矩 M；②承受虛擬荷重 $\dfrac{M}{EI}$；③計算出虛擬荷重下的剪力即為 θ；④虛擬荷重下的彎矩即為 δ。

若為懸臂梁，固定端的 $\theta = 0$、$\delta = 0$，因此承載虛擬荷重時會變成自由端，自由端則是成為固定端。

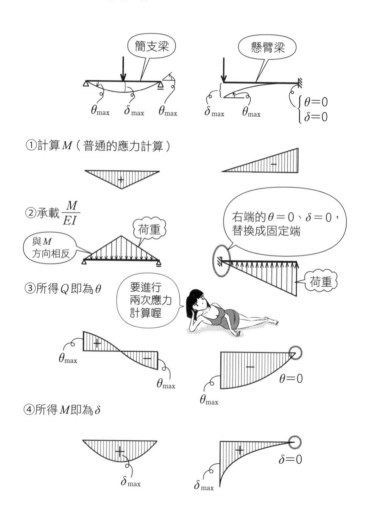

Q 兩端固定、長度 l 的梁承受均布荷重 w 時，最大撓度 δ_{max} 是多少？

A $\dfrac{Wl^3}{384EI}$（ $W = wl$ ）。

變位量撓度與彈性模數 E 和斷面二次矩 I 的乘積成反比。撓度式子的分母一定會出現 EI。這是因為導入虛擬荷重 $\left(\dfrac{M}{EI}\right)$ 的關係。EI 是由材料的變形難易度 E 和斷面形狀的彎曲難易度 I 合起來計算而得，稱為**撓曲剛度**（flexural rigidity）。EI 越大，表示產生的撓度越小。

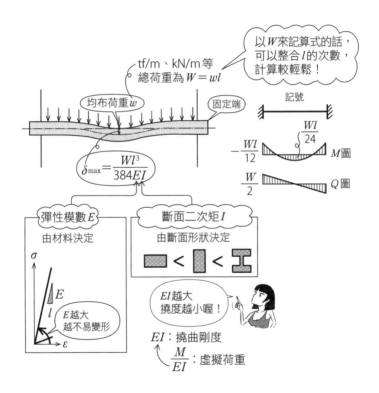

• 變位的記號常用 δ（delta）表示。x 的變位量寫成 Δx（delta x）。Δx 小到某個極限後，就是以 dx 的微分記號表示了。

Q 下圖左側結構的 δ_{max}、θ_{max} 是多少？

▼

A 如右側所示。

和 M 圖的形狀或 M_{max}（參見R114）一樣，現階段就記下其所代表的撓度、撓角的最大值，之後會比較輕鬆喔。

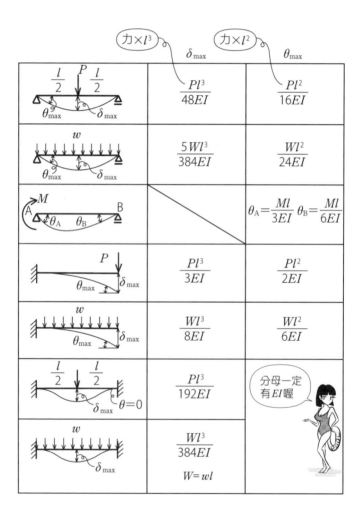

	δ_{max} 力×l^3	θ_{max} 力×l^2
$\frac{l}{2}$ P $\frac{l}{2}$　θ_{max}　δ_{max}	$\dfrac{Pl^3}{48EI}$	$\dfrac{Pl^2}{16EI}$
w　θ_{max}　δ_{max}	$\dfrac{5Wl^3}{384EI}$	$\dfrac{Wl^2}{24EI}$
M A θ_A θ_B B		$\theta_A = \dfrac{Ml}{3EI}$ $\theta_B = \dfrac{Ml}{6EI}$
P　θ_{max}　δ_{max}	$\dfrac{Pl^3}{3EI}$	$\dfrac{Pl^2}{2EI}$
w　θ_{max}　δ_{max}	$\dfrac{Wl^3}{8EI}$	$\dfrac{Wl^2}{6EI}$
$\frac{l}{2}$ $\frac{l}{2}$　δ_{max}　$\theta=0$	$\dfrac{Pl^3}{192EI}$	分母一定有EI喔
w　δ_{max}	$\dfrac{Wl^3}{384EI}$　$W=wl$	

● max 是 maximum（最大）的縮寫。

$\mathbf{Q}$ δ_{max}、θ_{max} 的式子中，長度 l 的次數是多少？

▼

$\mathbf{A}$ δ_{max} 是 3 次（3 次方）、θ_{max} 是 2 次（2 次方）。

🟫 彎矩 M 的變化率、斜率，微分後會得到 Q。承受虛擬荷重 $\frac{M}{EI}$ 時，M 會對應成撓度 δ、Q 對應成撓角 θ，因此 δ 的變化率、斜率，微分後會得到 θ。l^3 微分會得到 l^2。

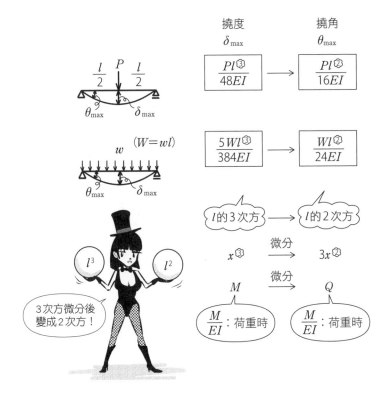

撓度 δ_{max}　　　撓角 θ_{max}

$$\frac{Pl^{③}}{48EI} \longrightarrow \frac{Pl^{②}}{16EI}$$

$$\frac{5Wl^{③}}{384EI} \longrightarrow \frac{Wl^{②}}{24EI}$$

$(W=wl)$

l 的 3 次方 $\longrightarrow$ l 的 2 次方

$$x^{③} \xrightarrow{微分} 3x^{②}$$

$$M \xrightarrow{微分} Q$$

$\frac{M}{EI}$：荷重時　　　$\frac{M}{EI}$：荷重時

3 次方微分後變成 2 次方！

Q δ、θ式子的單位是什麼？

▼

A δ為mm（cm），θ沒有單位。

■ 彈性模數 E 的單位為N/mm²，斷面二次矩 I 則是mm⁴（cm⁴），因此 EI 的單位是N·mm²。Pl^3 的單位是N·mm³，所以 $\dfrac{Pl^3}{EI}$ 的單位為mm。

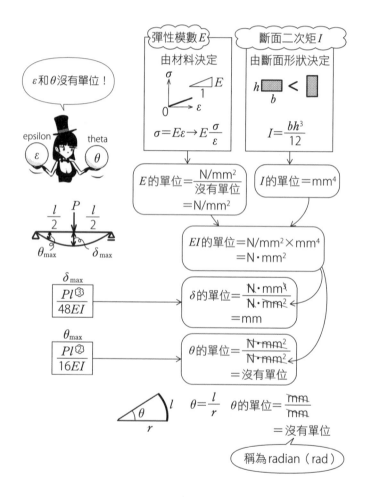

• 物理式與數學式不同，一定都伴隨著單位。藉由單位的組合，也可以發現次數是否有誤。

Q 細長比 λ（lambda）是什麼？

▼

A 表示結構細長度的係數，定義為 $\lambda = \dfrac{l_k}{i}$（l_k：挫屈長度，i：斷面二次半徑）。

若是細長柱，在壓縮破壞之前可能彎折產生挫屈。普通的細長度以 $\dfrac{長度}{寬度}$ 表示，結構上為了得到正確的係數，寬度會用斷面二次半徑 $i = \sqrt{\dfrac{I}{A}}$。長度也會因為兩端固定形式的不同而改變，兩端若為鉸接（可轉動）就取全長，兩端若為固定則取 1/2 的長度等。

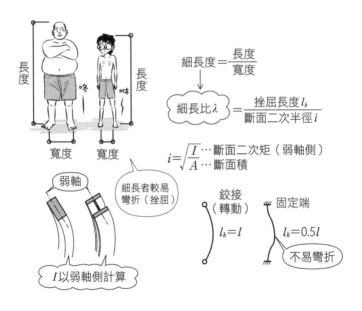

細長度 $= \dfrac{長度}{寬度}$

細長比 $\lambda = \dfrac{挫屈長度\ l_k}{斷面二次半徑\ i}$

$i = \sqrt{\dfrac{I}{A}}$ $\cdots$ 斷面二次矩（弱軸側）
　　　　$\cdots$ 斷面積

鉸接（轉動）　　固定端

$l_k = l$　　　　$l_k = 0.5l$

不易彎折

弱軸

細長者較易彎折（挫屈）

I 以弱軸側計算

● 根據日本建築基準法的規定，木造柱的細長比 λ 要在 150 以下，鋼骨造柱要在 200 以下。
● 由於會從弱軸側彎折，因此要計算弱軸側的斷面二次矩 I。
● 會因壓縮而破壞的柱為短柱，因挫屈而破壞的柱則稱為長柱。

Q 挫屈荷重 $P_k=$ ？

A $\dfrac{\pi^2 EI}{l_k^2}$（l_k：挫屈長度）。

柱彎折時的荷重稱為挫屈荷重 P_k。以上式表示，撓曲剛度 EI 為分子。撓曲剛度越大，表示使之彎折挫屈的力量要越大。挫屈長度 l_k 在分母，而且是 2 次方，表示長度越長，要使之彎折的力量就越小，也就是越容易彎折。

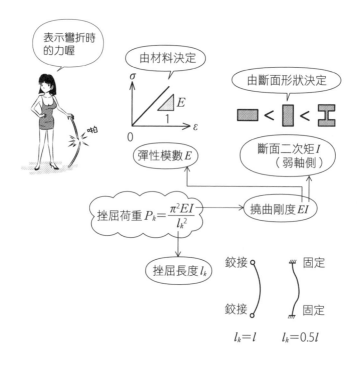

•即使長度相同，兩端固定的柱的挫屈長度 l_k 將是兩端鉸接柱的一半，如此挫屈荷重會變大，越不容易挫屈。

Q 柱的挫屈長度 l_k 與實際長度 l 的關係是什麼？

▼

A 依據拘束（接合）條件的不同，如下圖所示。

以兩端鉸接的長度 l 為基礎，挫屈長度會隨著轉動或移動與否而改變。

拘束

拘束越大，l_k 就越小喔！

拘束大　→ l_k 小→ P_k 大…不易挫屈

自由度大→ l_k 大→ P_k 小…容易挫屈

上端的橫向移動	拘　　束			自　　由	
兩端的轉動	兩端鉸接	兩端固定	一端固定 一端鉸接	兩端固定	一端固定 一端鉸接
挫屈形式	l				
挫屈長度 l_k	l	$0.5l$	$0.7l$	l	$2l$

$$P_k = \frac{\pi^2 EI}{{l_k}^2}$$

挫屈荷重

$$\lambda = \frac{l_k}{\sqrt{\dfrac{I}{A}}}$$

細長比   …斷面二次半徑

● 在共軛梁法中，出現 $\dfrac{d^2y}{dx^2} = -\dfrac{1}{\rho} = -\dfrac{M}{EI}$ 的算式（參見 R203），解開這個微分方程式就可以得到彎曲時的曲線公式（微彎的 sin 曲線）。從這個公式可以導出挫屈荷重和挫屈長度的公式。

● 拘束越大時，挫屈長度 l_k 越短，挫屈荷重 P_k 越大；當自由度增加，挫屈長度 l_k 越長，挫屈荷重 P_k 越小。支撐條件常是理想化的狀況，實際的建物不會有完全拘束、完全自由的情況。

Q 如何決定挫屈長度 l_k？

▼

A 以反曲點到反曲點之間的長度來決定。

彎折（挫屈）是指彎曲的部分。沒有彎曲的部分不算入長度。曲線從凸到凹、從凹到凸產生變化的地方稱為反曲點，從反曲點到反曲點之間就是彎曲部分，該長度即為挫屈長度。

上端的橫向移動	拘　　　束			自　　　由	
兩端的轉動	兩端鉸接	兩端固定	一端固定 一端鉸接	兩端固定	一端固定 一端鉸接
挫屈形式	l				
挫屈長度 l_k	l	$0.5l$	$0.7l$	l	$2l$

從反曲點到反曲點
之間的彎曲長度喔

反曲點

凸→凹
凹→凸
的點

• $P_k = \dfrac{\pi^2 EI}{l_k^2}$ 的公式是在彈性範圍內的挫屈方程式，稱為彈性挫屈。超過彈性限度的挫屈為非彈性挫屈，有另外的計算公式。

Q 構架結構柱的挫屈長度 l_k 是多少？

▼

A 如下圖，對應至不同的柱挫屈形式。

🧊 考量梁完全是剛接的狀態，如下圖所示。實際上為非剛接，挫屈長度較大，挫屈荷重變小，較容易挫屈。

上端的橫向移動	拘　　束			自　　由	
兩端的轉動	兩端鉸接	兩端固定	一端固定一端鉸接	兩端固定	一端固定一端鉸接
挫屈形式					
挫屈長度 l_k	l	$0.5l$	$0.7l$	l	$2l$

構架結構柱的挫屈長度 l_k

梁為完全剛接

長柱比較容易彎折喔！

$0.5l$	$0.7l$	l	$2l$

l_k 大 → P_k 小 → 容易挫屈

彎

轉動無拘束
容易彎曲

P_k 小
（l_k 大）

扭

轉動拘束
不易彎曲

P_k 大
（l_k 小）

● 用兩手握住直尺的左右兩端，考量彎曲狀態。兩手若是緊握住直尺的兩端，施壓時比較不容易彎曲。兩手若是張開用掌心壓，很容易就彎曲了。拘束小的柱也一樣，挫屈荷重較小，比較容易彎折。

Q 如何得知結構物是安定還是不安定？

▼

A 透過判別式，反力數＋構材數＋剛接接合數－2×節點數（$m = n + s + r - 2k$）≧0時為安定，$m < 0$的負值時為不安定。

■ 上式是只以轉動的拘束狀態判斷結構物移動與否（安定、不安定）的公式。不是判定實際上是否安全的公式。$m ≧ 0$是安定的必要條件。

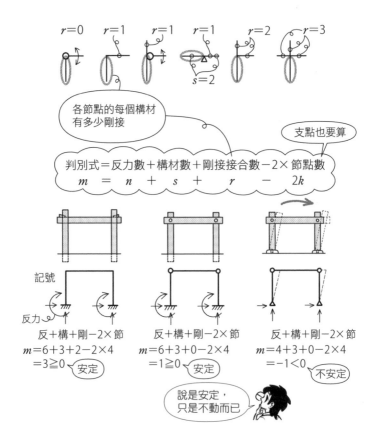

● 剛接接合數 r，是指一個構材中，與之為剛接接合的構材數有幾個。另外要注意節點數 k 也包含支點和自由端。

Q 如何得知結構物是靜定還是靜不定？

▼

A 判別式＝0為靜定，正則為靜不定。

在安定結構物中的靜定結構，只要透過力平衡就可以求得反力、應力。
靜不定結構則是要再考量變形等才能夠解開。

8

靜不定結構（構架結構）

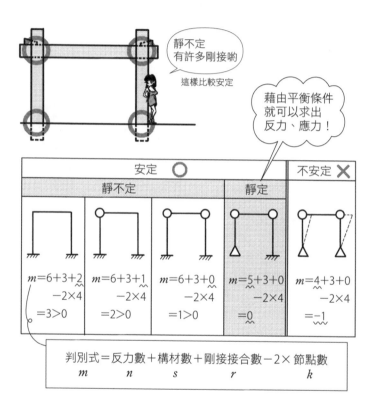

● 將各個支點、節點的作用力以 x 方向、y 方向、轉動方向等列出平衡方程式，當未知的力數比方程式多時，就無法以聯立方程式得解。「未知力的數量－方程式的數量」，整理之後會得到上述判別式。這個公式的推導，意外地複雜。

● 以字義來看，靜不定或許讓人有不安定的感覺，但其實是安定的結構。這是因為其反力數較多，安定度多半比靜定高。世界上的結構物幾乎都是靜不定。不知道為什麼要取這樣的名稱，對學生來說容易誤解，語感也不好。

Q 如下圖的靜不定梁，如何使用簡支梁的支點承受力矩作用時的撓角來求解？

▼

A 將靜不定梁替換成簡支梁，在簡支梁的端點加上固定用的虛擬力矩來求解。

①在固定條件相同的情況下，將靜不定梁強制換成簡支梁；②將簡支梁分成兩部分；③求得各自的 M、Q；④組合起來。

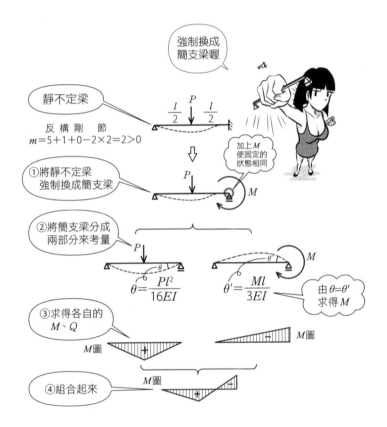

Q 如下圖的靜不定連續梁，如何使用簡支梁承受荷重時的撓度來求解？

A 將靜不定梁替換成簡支梁，在簡支梁的中央加上從下往上、固定用的虛擬的力來求解。

①在固定條件相同的情況下，將靜不定梁強制換成簡支梁；②將簡支梁分成兩部分；③求得各自的 M、Q；④組合起來。

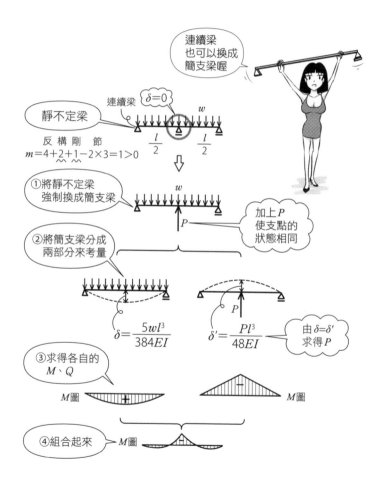

Q 如下圖，柱頂部的撓度 δ 與水平力 P 的關係式是什麼？

▼

A 支點為鉸接時，$P=\dfrac{3EI}{h^3}\delta$；若為固定端，$P=\dfrac{12EI}{h^3}\delta$。

可使用懸臂梁的撓度 $\delta=\dfrac{Pl^3}{3EI}$ 求得。門型構架的樓板（梁）都是假設為完全剛接，因此可以應用懸臂梁的撓度 δ 公式。支點為固定與鉸接，公式就不一樣了。記住這個公式會讓解題很便利。

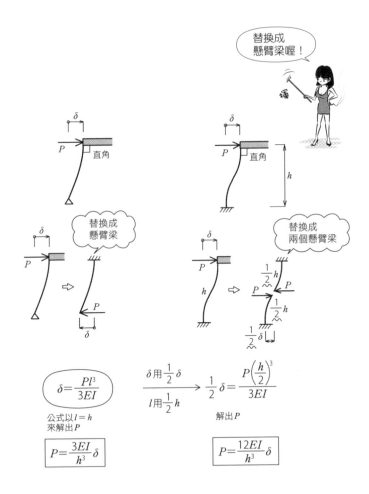

Q 前項柱所承受的水平力 P 與變形 δ 的關係是正比還是反比？

▼

A 成正比關係。

🧊 在 P 的公式中，δ 前面的 $\frac{3EI}{h^3}$、$\frac{12EI}{h^3}$ 是固定量＝定數，因此 P 與 δ 是通過原點的直線關係，也就是成正比關係。若是 P 變成 2 倍，δ 也會變成 2 倍；δ 變成 1/3，P 也一定會變成 1/3。

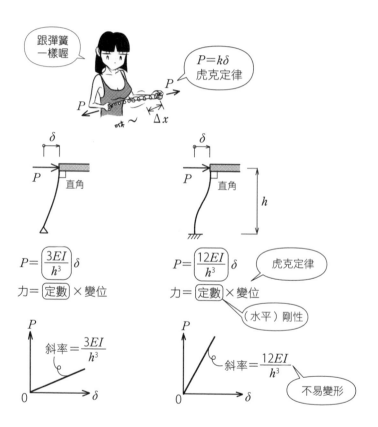

● 力＝定數×變位，即彈簧或橡皮筋等彈性體常見的虎克定律。在彈性範圍內的結構物，虎克定律也會成立。比例定數亦可稱為剛性，表示其為固定值，彈性模數也是其中一種。水平方向的剛性可稱為水平剛性。若為彈性模數，力是每單位面積的力（應力），長度則變為與原長的比（應變）。力與長度同樣用比來計算。

Q 各柱承受的水平力 P，與這個力產生的剪力 Q 的關係是什麼？

▼

A 由於水平方向力平衡，因此 $P = Q$。

柱 A 承受的力 P_A 與柱內部的剪力 Q_A 會互相平衡，也可以說因應 P_A 而產生 Q_A。因此 $P_A = Q_A$。同樣地，$P_B = Q_B$、$P_C = Q_C$。

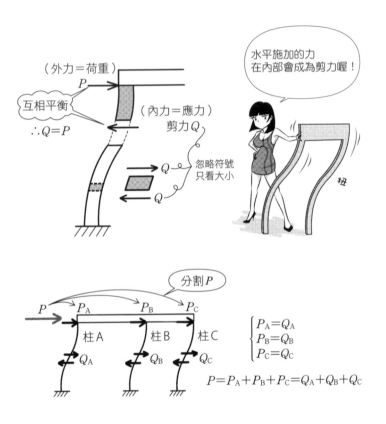

（外力＝荷重）
P
互相平衡
∴$Q = P$
（內力＝應力）
剪力 Q
Q
忽略符號只看大小
Q

水平施加的力在內部會成為剪力喔！

扭

分割 P

P　P_A　P_B　P_C
柱A　柱B　柱C
Q_A　Q_B　Q_C

$$\begin{cases} P_A = Q_A \\ P_B = Q_B \\ P_C = Q_C \end{cases}$$

$$P = P_A + P_B + P_C = Q_A + Q_B + Q_C$$

●外部施加的水平力 P 分成 P_A、P_B、P_C，會在柱 A、B、C 上，各自產生剪力 Q_A、Q_B、Q_C。P_A、P_B、P_C 會根據柱的固定狀況、剛性等來分配。

$\mathbf{Q}$ 承受水平力 P 的門型構架，如下圖，若為柱長短不一的情況時，如何求得各柱的剪力 Q？

▼

$\mathbf{A}$ 由撓度 δ 相等來計算。

彈性模數 E、斷面二次矩 I 相同，梁為完全剛接的情況下，方法如下：
①列出柱的 $P = \square \times \delta$；②求得共同的撓度 δ；③求得各柱的剪力 Q（①的 P 與 δ 關係式參見R219）。

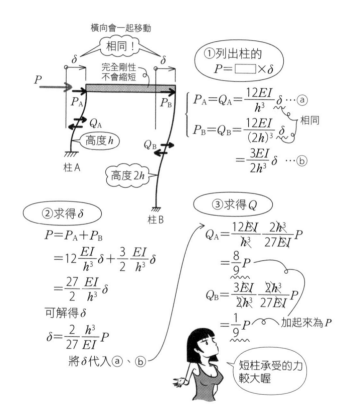

●依據圖解③的結果，可知短柱負擔較多水平力。水平力的負擔由①式中，可知與柱高 h 的3次方成反比。短柱較容易受到剪力破壞，就是因為剛性較高，在產生相同撓度的情況下需要較多的力，所受到的剪力作用較多的關係。

●考量水平力所產生的剪力，多半假設梁、樓板為完全剛性，也就是假設梁、樓板沒有變形，藉以簡化結構計算。實際上RC的樓板也是很接近剛性的狀態。

Q 承受水平力 P 的門型構架，如下圖，若為單邊支點固定、另一端為鉸接的情況時，如何求得各柱的剪力 Q？

▼

A 由撓度 δ 相等來計算。

■ 承受水平力 P 時梁不會縮短，兩個柱的撓度 δ 會相同。和前項一樣，①列出柱的 $P = \square \times \delta$；②求得共同的撓度 δ；③求得各柱的剪力 Q。

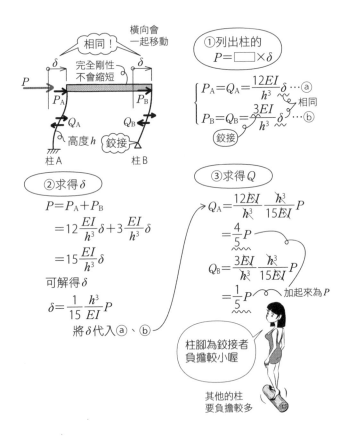

① 列出柱的 $P = \square \times \delta$

$$\begin{cases} P_A = Q_A = \dfrac{12EI}{h^3}\delta \cdots ⓐ \\[2mm] P_B = Q_B = \dfrac{3EI}{h^3}\delta \cdots ⓑ \end{cases}$$ 相同

② 求得 δ

$$P = P_A + P_B$$
$$= 12\frac{EI}{h^3}\delta + 3\frac{EI}{h^3}\delta$$
$$= 15\frac{EI}{h^3}\delta$$

可解得 δ

$$\delta = \frac{1}{15}\frac{h^3}{EI}P$$

將 δ 代入 ⓐ、ⓑ

③ 求得 Q

$$Q_A = \frac{12EI}{h^3}\frac{h^3}{15EI}P$$
$$= \frac{4}{5}P$$

$$Q_B = \frac{3EI}{h^3}\frac{h^3}{15EI}P$$
$$= \frac{1}{5}P$$ 加起來為 P

柱腳為鉸接者負擔較小喔

其他的柱要負擔較多

● 柱腳為固定者需要負擔較多的水平力。短且固定、不會移動的柱負擔較大的水平力，長且柔韌、可轉動的柱負擔的水平力較小。地震的水平力會讓一部分的柱產生偏移，該柱容易產生剪力破壞。若要平均分散水平力，就要讓柱的剛性相同。

Q 有 $P = k\delta$（k：定數）的關係、質量為 m 的物體振動時，其週期 T 是多少？

A $T = 2\pi\sqrt{\dfrac{m}{k}}$。

不管是彈簧、橡皮筋或鐘擺，虎克定律 $P = k\delta$ 的關係都成立，其振動時的週期由 m 與 k 決定。不受振動的幅度（振幅）影響，週期一定。物體固有的、原來就具備的週期稱為固有週期。如下圖的門型構架的 k，可依圖解的順序求得，並因柱的固定狀態而變化。

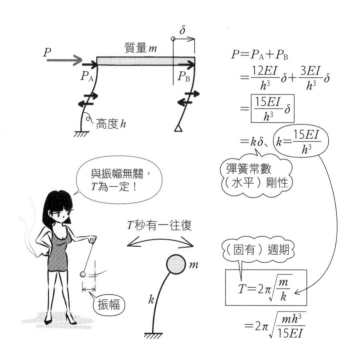

• 由 $P = k\delta$ 求得 k，就可以得到固有週期。要特別注意公式內的分子不是 1000kgf 或 10kN 等的「重量＝力」，而是 1t、1000kg 等的質量。定數 k 稱為彈簧常數、剛性等，建築中常用在地震的水平力，因此亦稱水平剛性。

Q 梁非完全剛接時，水平力的分擔（剪力 Q）是外柱較大還是中柱較大？

▼

A 一般是中柱較大。

節點對轉動的拘束越強，就要負擔越多，越弱則負擔越少。中柱左右都有梁，受到的轉動拘束較多，所以比外柱負擔更多水平力。

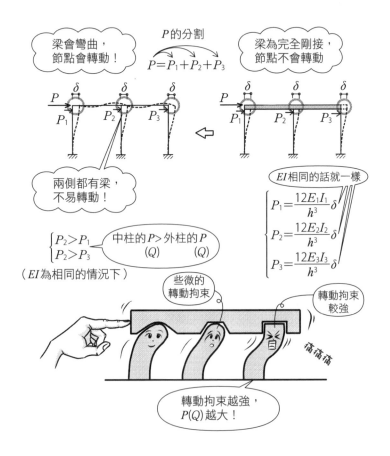

梁會彎曲，節點會轉動！

P 的分割

$P = P_1 + P_2 + P_3$

梁為完全剛接，節點不會轉動

兩側都有梁，不易轉動！

EI 相同的話就一樣

$$\begin{cases} P_1 = \dfrac{12E_1I_1}{h^3}\delta \\ P_2 = \dfrac{12E_2I_2}{h^3}\delta \\ P_3 = \dfrac{12E_3I_3}{h^3}\delta \end{cases}$$

$$\begin{cases} P_2 > P_1 \\ P_2 > P_3 \end{cases}$$
（EI 為相同的情況下）

中柱的 P > 外柱的 P
　（Q）　　（Q）

些微的轉動拘束

轉動拘束較強

自

搞搞搞

轉動拘束越強，$P(Q)$ 越大！

● 截至目前都是以梁為完全剛接，與柱頂部是不會轉動的情況，來考量水平力的分擔。柱的 EI（撓曲剛度）與 h（高度）可決定負擔的水平力、剪力，而當柱上下的節點可轉動時，也會與梁的彎曲難易度有關。

Q 如下圖的兩層構架，水平力 P 與剪力 Q 的關係是什麼？

▼

A $P_2 = Q_{A2} + Q_{B2}$、$P_1 + P_2 = Q_{A1} + Q_{B1}$。

在各層將柱切斷，考量上半部的水平方向力平衡。計算 1 樓的水平力時，與之平衡的剪力會比較大。

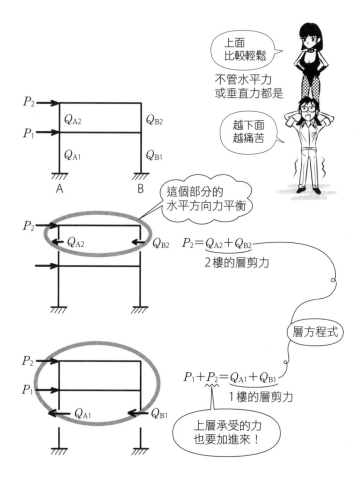

$P_2 = \underline{Q_{A2} + Q_{B2}}$
2樓的層剪力

層方程式

$P_1 + P_2 = \underline{Q_{A1} + Q_{B1}}$
1樓的層剪力

上層承受的力
也要加進來！

上面
比較輕鬆

不管水平力
或垂直力都是

越下面
越痛苦

這個部分的
水平方向力平衡

- 各層的剪力 Q 合計，稱為層剪力。層剪力越往下層計算，水平力會一直加進去，變得越來越大。因此越往下層，地震水平力越大，越容易產生剪力破壞。
- 各層的平衡式稱為層方程式（參見 R260）。

Q 如下圖的三層構架，水平力 P 與剪力 Q 的關係是什麼？

▼

A $P_3 = Q_{A3} + Q_{B3}$、$P_2 + P_3 = Q_{A2} + Q_{B2}$、$P_1 + P_2 + P_3 = Q_{A1} + Q_{B1}$。

🔲 與前項相同，在各層切斷，考量水平方向的力平衡。各層剪力的合計＝
層剪力的關係，形成越往下越大的圖解。

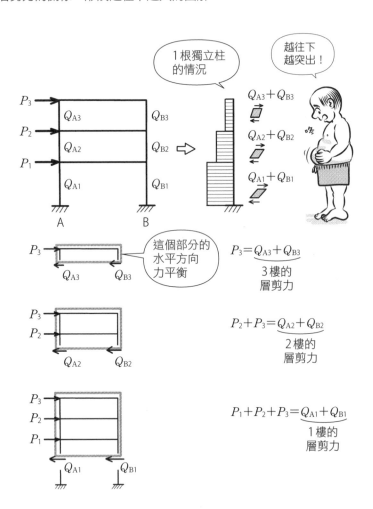

Q 如下圖的三層構架，水平力 P、水平剛性 k 與層間變位 δ 的關係是什麼？

▼

A $P_3 = k_3 \delta_3$、$P_3 + P_2 = k_2 \delta_2$、$P_3 + P_2 + P_1 = k_1 \delta_1$。

力＝剛性 × 變位。水平剛性是由各層的柱組合而成。層間變位是各層的水平變位。

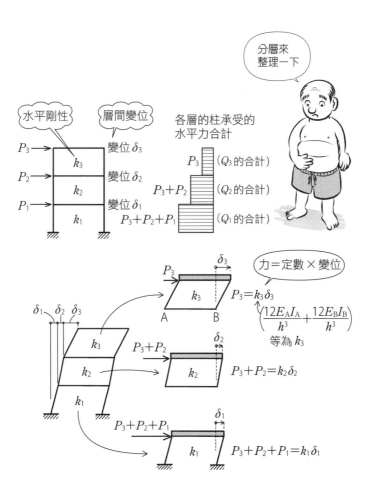

Q 從下圖門型構架的彎矩 M 圖來看，如何求得柱與梁的剪力 Q？

▼

A 從 M 的斜率求得 Q。

將 M 微分可得 Q，當 M 為直線時，M 的斜率就是 Q（參見R111）。

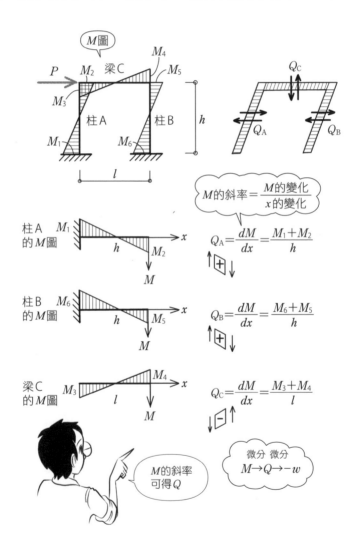

M 的斜率 $=\dfrac{M\text{的變化}}{x\text{的變化}}$

$Q_A = \dfrac{dM}{dx} = \dfrac{M_1 + M_2}{h}$

$Q_B = \dfrac{dM}{dx} = \dfrac{M_6 + M_5}{h}$

$Q_C = \dfrac{dM}{dx} = \dfrac{M_3 + M_4}{l}$

M 的斜率可得 Q

微分　微分
$M \rightarrow Q \rightarrow -w$

Q 從下圖柱的彎矩 M 圖來看，如何求得剪力 Q？

▼

A 使用反曲點的高度 h_1，從 M 的斜率求得 Q。

在知道 M 方向從凸變成凹的點（反曲點）的高度 h_1，以及柱腳為 M_1 的情況下，Q 為 M 的斜率，由 $\dfrac{M_1}{h_1}$ 即可求得。

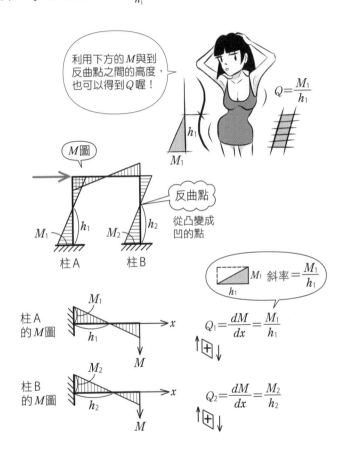

利用下方的 M 與到反曲點之間的高度，也可以得到 Q 喔！

$Q = \dfrac{M_1}{h_1}$

M 圖

反曲點

從凸變成凹的點

M_1　h_1　M_2　h_2

柱 A　　　柱 B

M_1　斜率 $= \dfrac{M_1}{h_1}$

h_1

柱 A 的 M 圖

M_1

h_1

x

M

$Q_1 = \dfrac{dM}{dx} = \dfrac{M_1}{h_1}$

柱 B 的 M 圖

M_2

h_2

x

M

$Q_2 = \dfrac{dM}{dx} = \dfrac{M_2}{h_2}$

• $M = 0$ 的點是 M 的作用方向從 ⌡⌡ 變成 ⌠⌠ 的點。M 的方向從 ⌡⌡ 變成 ⌠⌠ 時，變形也從凸變成凹。這樣的點稱為反曲點。只要知道反曲點的位置，就可如上述求得 Q。相反地，若是知道 Q_1、Q_2，從反曲點的高度 h_1、h_2，也可求得 M_1、M_2。

Q 在門型構架中，柱高度與反曲點高度的比（反曲點高比：inflection point height ratio），跟梁的彎曲難易度有什麼關係？

▼

A 柱頭若是鉸接，反曲點高比為1；梁的狀態越固定，反曲點高比越接近0.5；梁若是完全剛接，反曲點高比為0.5。

$\dfrac{\text{反曲點高度}}{\text{柱高度}}$ 稱為反曲點高比，常出現在承受水平力的構架結構。梁越難彎折，表示柱上部的節點轉動越受拘束，柱上部的彎曲也越大。

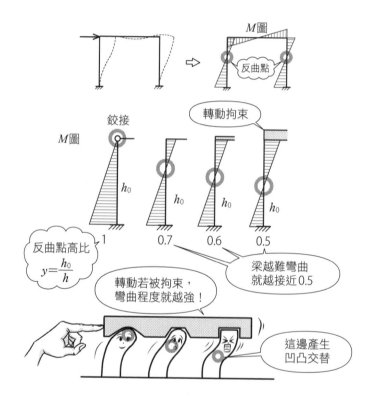

● 反曲點高比依據表面接合而不同，標準反曲點高比可以藉由梁的固定或樓層高度等，加入修正值之後求得。將水平力分配到各柱，求得各自的 Q，再求得 M。水平力所產生的應力可以概略計算，例如武藤清博士提出的 D 值法（武藤法）。D 值是從柱梁的勁度比（stiffness ratio，彎曲難易度的比，亦稱剛比）所計算出的剪力分布係數，作為表示水平力如何分布的係數。D 是 distribution（分布）之意。

Q 承受水平力的構架結構，在知道柱的剪力 Q 的情況下，如何從反曲點高比 y 求得彎矩 M？

▼

A 用 Q 和 y，可求得柱上下端的 M。

只有水平力作用的 M 圖為一直線，用「M 的斜率＝Q」，就可以反過來求得 M。

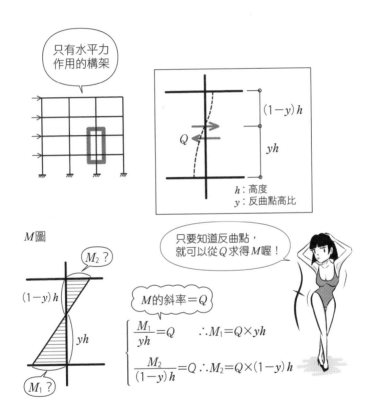

● Q 除以柱高度 h 的 $\frac{Q}{h}$ 就是 $M_1 + M_2$ 的值，如果不知道圖解（M 的值）的哪裡是 0，就無法算出 M_1、M_2。從 Q 求 M 時，要用微分的相反，也就是積分，若是無法得知在某高度下某特定點的 M 為多少，就無法算出 M。

Q 多層構架的反曲點高比因層的不同而有什麼樣的趨勢？

▼

A 最下層比0.5大，最上層比0.5小，中間層約0.5。

考量最上層的柱，如下方圖解的下部，柱頭節點是1根柱接2支梁，柱腳節點是2根柱接2支梁，也就是每1根柱會有1支梁的轉動拘束。因此，柱腳的轉動拘束比柱頭來得低，彎矩也比較小。

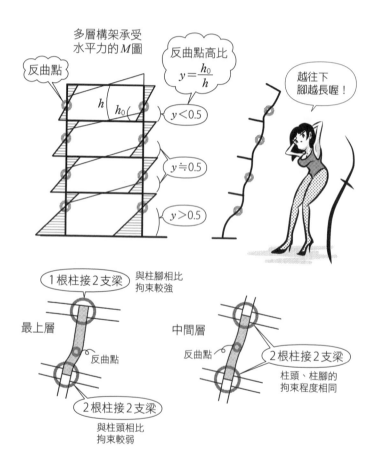

●位於中間層的柱，由於柱頭和柱腳的梁是相同接法，轉動拘束的程度相同，因此彎矩的程度也相同。最下層的柱如前述，柱腳的固定端不會轉動，所以會產生較大的彎矩。

Q 如下圖，承受水平力 P 的門型構架，柱的軸力 N 與梁的剪力 Q 的關係是什麼？

▼

A $N = Q$。

切斷柱與梁的中間來考量，垂直方向的力只有 N 和 Q，因此兩者會互相平衡。

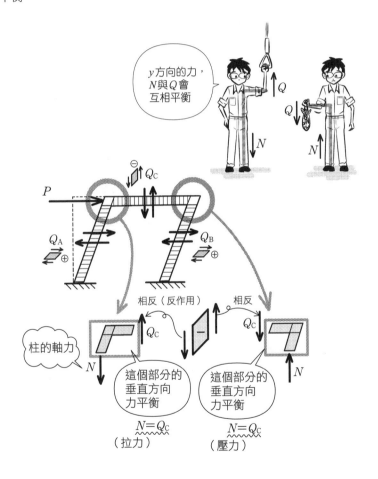

- 若是只有水平力作用的情況下，柱、梁的彎矩 M 為直線變化，即斜率 Q 不管在哪裡都一樣。無論從柱、梁的哪裡切斷，Q 都是相同的。
- 所謂的反作用，舉例來說，往牆壁壓10kgf的力，相反地從牆壁也會有10kgf的力往回推，亦即兩個物體之間作用的力。

Q 如下圖，承受水平力 P 的三層構架，柱的軸力 N 與梁的剪力 Q 的關係是什麼？

▼

A $N_3 = Q_3$、$N_2 = N_3 + Q_2$、$N_1 = N_2 + Q_1$。

下方柱的 N，除了上方柱的 N 之外，還要加上梁的 Q。切斷各節點的四周，考量垂直方向的力平衡，就可以得到這些關係了。

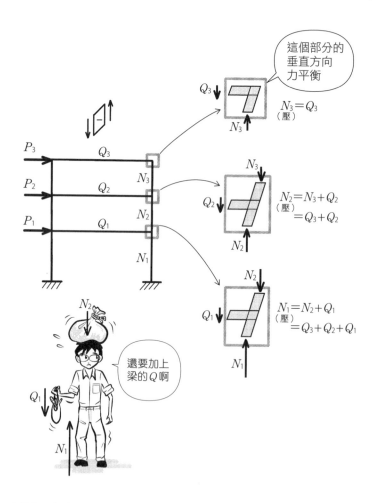

• 上述是只考慮水平力 P 的效果的內力，實際上還有重量作用，所以必須另外求出之後再加上去。

Q 如下圖，承受水平力 P 的三層構架，內側柱的軸力 N 與梁的剪力 Q 的關係是什麼？

A $N_3 = Q_{3A} - Q_{3B}$、$N_2 = N_3 + (Q_{2A} - Q_{2B})$、$N_1 = N_2 + (Q_{1A} - Q_{1B})$。

兩側的梁的剪力差，再加上軸力即可得。

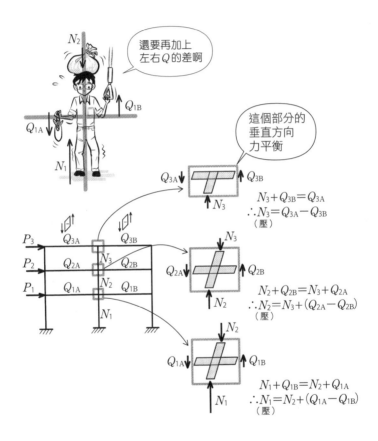

● 上圖中，為了更容易了解，N、Q 都沒有加上正負符號，只以大小表示。符號要統一時，N 以拉力為正、壓力為負，Q 以順時針為正、逆時針為負。

Q 地震時作用在柱的軸力變化，是角柱較大還是中柱較大？

A 角柱較大。

中柱除了柱的軸力之外，要加上左右梁的剪力差。角柱只有右側（或左側）有梁，因此這個剪力會直接加在柱的軸力上，形成比中柱更大的力。水平力從左移到右時，會從較大的拉力變成較大的壓力，力的變化也很大。

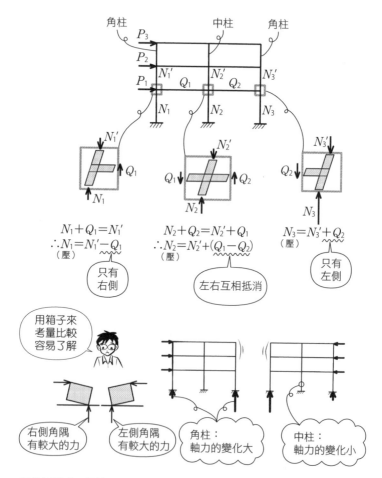

$N_1 + Q_1 = N_1'$
$\therefore N_1 = N_1' - Q_1$
（壓）
只有右側

$N_2 + Q_2 = N_2' + Q_1$
$\therefore N_2 = N_2' + (Q_1 - Q_2)$
（壓）
左右互相抵消

$N_3 = N_3' + Q_2$
（壓）
只有左側

右側角隅有較大的力

左側角隅有較大的力

角柱：軸力的變化大

中柱：軸力的變化小

用箱子來考量比較容易了解

● 把構架想成一個箱子，感覺上就可以理解從左側來的水平力，會讓右側受到最大壓力；同樣地，從右側來的力會讓左側受到最大壓力。

Q 考量水平荷重時的內力之際，如何處理垂直荷重的內力？

▼

A 另外計算垂直荷重的內力，之後再將兩者重合（合計計算）。

截至目前都是以忽略垂直荷重的情況來考量水平荷重。實際上建物是兩者同時作用的，因此要個別計算，最後再將兩者組合起來。

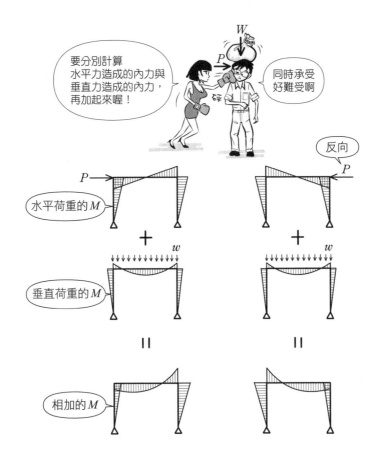

- 在日本的建築士測驗中，為了簡化問題，常出現只有水平荷重的構架。實際的計算中也常是分別計算水平荷重與垂直荷重，最後再將兩者加起來。
- $P = P_1 + P_2$ 時，將 P_1 造成的應力（變形）與 P_2 造成的應力（變形）加起來，會與 P 造成的應力（變形）相同。這就是疊加的原理。

Q 如何解開靜不定的結構物？

▼

A 用變形等來求解。

由於靜不定無法只用力平衡來求解，要藉由變形或能量等來求得應力。最一般的變形就是撓角。使用構材端部的撓角，就可以得到構材端點的力矩，進一步得出構材各部位的彎矩。彎矩分配法（moment distribution method）是從傾角變位法（slope deflection method）的基本公式推導出來的方法。傾角變位法的基本公式則是從共軛梁法推導而來。

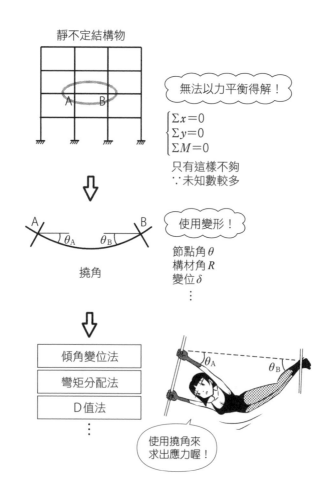

Q 傾角變位法是什麼？

▼

A 將構架的節點角、桿端彎矩（end moment）等當作未知數，列出節點方程式（力矩的平衡式）與層方程式（橫向力的平衡式），得到桿端彎矩，再求出應力的一種方法。

◼ 假設桿端彎矩等，列出聯立方程式，以算出桿端彎矩為目標。之後就可以由桿端彎矩計算出其他應力。

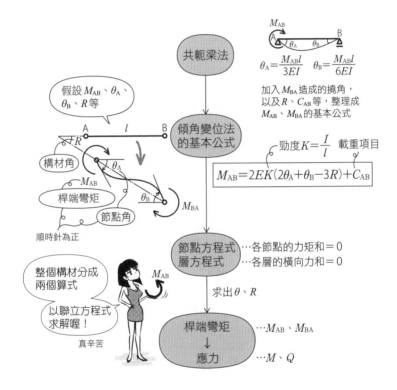

共軛梁法

$$\theta_A = \frac{M_{AB}l}{3EI} \qquad \theta_B = \frac{M_{AB}l}{6EI}$$

加入 M_{BA} 造成的撓角，以及 R、C_{AB} 等，整理成 M_{AB}、M_{BA} 的基本公式

假設 M_{AB}、θ_A、θ_B、R 等

傾角變位法的基本公式

勁度 $K = \dfrac{I}{l}$　載重項目

$$M_{AB} = 2EK(2\theta_A + \theta_B - 3R) + C_{AB}$$

構材角

桿端彎矩

節點角

順時針為正

節點方程式　…各節點的力矩和＝0
層方程式　…各層的橫向力和＝0

整個構材分成兩個算式

以聯立方程式求解喔！

真辛苦

求出 θ、R

桿端彎矩　…M_{AB}、M_{BA}
↓
應力　…M、Q

● 關於承受桿端彎矩時的撓角 $\theta_A = \frac{M_{AB}l}{3EI}$、$\theta_B = \frac{M_{AB}l}{6EI}$，請參見 R207。

9 傾角變位法

Q 傾角變位法的簡化公式是什麼？

▼

A $M_{AB} = k_{AB} (2\theta_A{}' + \theta_B{}' + R') + C_{AB}$。

每次都要寫出傾角變位法的基本公式有點麻煩，使用簡化公式較方便。
先以某個構材的勁度為基準（標準勁度 K_0），與之相比而得勁度比。

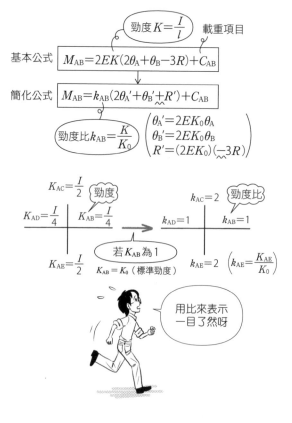

- 上圖中為了方便理解，是假設每個構材的斷面二次矩 I 為相同的情況，但一般斷面形狀各有不同，I 也隨之而異。先計算出 $\frac{I}{l}$，以比為勁度比。
- 簡化公式中的記號 θ' 也可以寫成 ϕ（phi），R' 可寫成 ψ（psi）。

Q 桿端彎矩是什麼？

▼

A 作用在構材最外側、端點的彎矩。

彎矩為作用在構材內的應力，作用在端部的是使構材彎曲的力矩。以順時針為正。

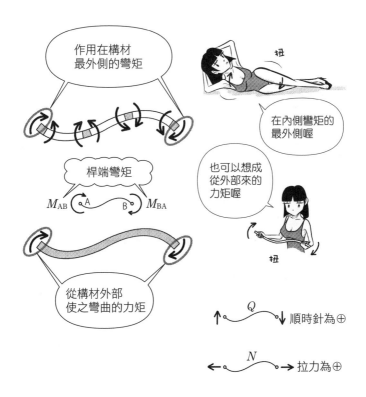

作用在構材
最外側的彎矩

在內側彎矩的
最外側喔

桿端彎矩

M_{AB} A   B M_{BA}

也可以想成
從外部來的
力矩喔

從構材外部
使之彎曲的力矩

Q 順時針為⊕

N 拉力為⊕

● 桿端彎矩也可以想成是從外部讓桿端彎曲的外力。

● 撓角（亦稱節點的轉動角、節點角）、構材角也是以順時針為正。

● 端部的剪力 Q 與對側端部合計起來，以順時針方向為正。軸力 N 以拉力側為正。

Q 桿端彎矩的符號與彎矩的符號有什麼關係？

▼

A 沒有關係。

桿端彎矩是一個力的力矩，以順時針為正。而彎矩是使構材彎曲的一對力矩。若為梁，彎矩以向下為正；若為柱，以向左為正，彎矩圖要畫在突出側。兩者的符號都不是一對一的關係。要考量兩者的變形來對應出符號。

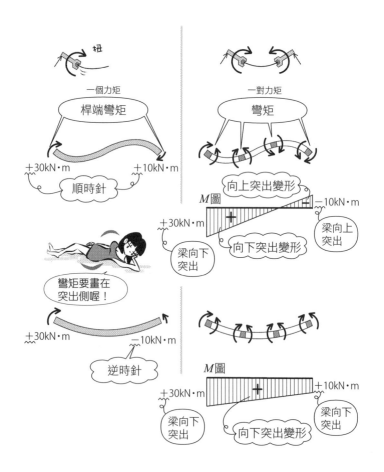

Q 構材端部的桿端彎矩為+30kN·m時，節點所對應的力矩是多少？

▼

A −30kN·m。

桿端彎矩 M_{AB} 是從節點A開始，作用在構材AB端部的力矩，構材AB從節點A的反向有大小相等的 $-M_{AB}$ 作用。這是作用力與反作用力的關係。

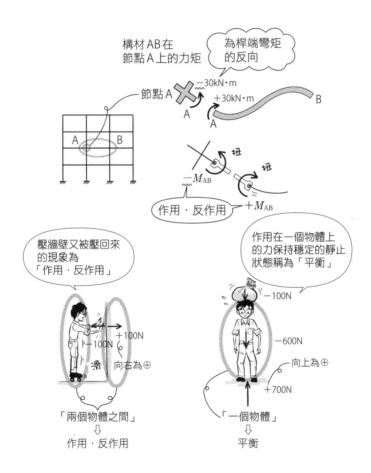

● 壓牆壁又被壓回來的現象為作用·反作用。平衡是指作用在一個物體上的力保持平衡靜止（正確來說是沒有產生加速度），作用·反作用則是兩個物體之間作用的力。就記住「平衡→一個物體」、「作用·反作用→兩個物體之間」吧。

Q 載重項目 C_{AB} 是什麼？

▼

A 只以構材 AB 的中間荷重所決定的項目，兩端固定時，會與固端彎矩的大小相等。

在傾角變位法的基本公式中，若 $\theta = R = 0$，則 $M_{AB} = C_{AB}$、$M_{BA} = C_{BA}$。

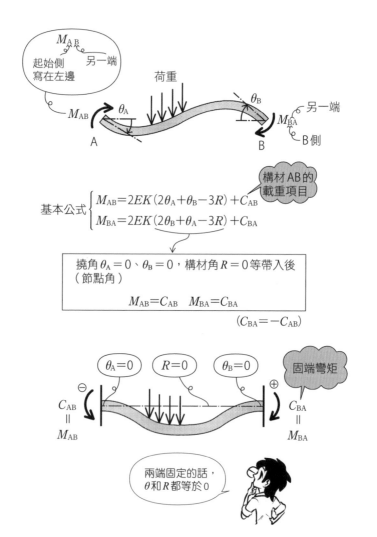

起始側寫在左邊 M_{AB}　另一端

荷重

θ_B　另一端

M_{AB}　θ_A　M_{BA}　B 側

A　B

構材 AB 的載重項目

基本公式 $\begin{cases} M_{AB} = 2EK(2\theta_A + \theta_B - 3R) + C_{AB} \\ M_{BA} = 2EK(2\theta_B + \theta_A - 3R) + C_{BA} \end{cases}$

撓角 $\theta_A = 0$、$\theta_B = 0$，構材角 $R = 0$ 等帶入後（節點角）

$M_{AB} = C_{AB}$　　$M_{BA} = C_{BA}$

$(C_{BA} = -C_{AB})$

$\theta_A = 0$　$R = 0$　$\theta_B = 0$　固端彎矩

$\begin{matrix} C_{AB} \\ \parallel \\ M_{AB} \end{matrix}$　$\ominus$　$\oplus$　$\begin{matrix} C_{BA} \\ \parallel \\ M_{BA} \end{matrix}$

兩端固定的話，θ 和 R 都等於 0

$\mathbf{Q}$ 中央有集中荷重 P、整體有均布荷重 w 作用的梁，其各自的載重項目 C_{AB} 是多少？

$\mathbf{A}$ $-\dfrac{Pl}{8}$、$-\dfrac{Wl}{12}$（$W = wl$）。

 載重項目在桿端彎矩的撓角、構材角為0時，會等於固端彎矩。固定左側端部的力矩為逆時針，符號為負。

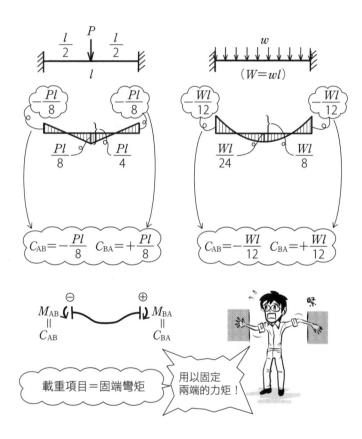

$$C_{AB} = -\frac{Pl}{8} \quad C_{BA} = +\frac{Pl}{8}$$

$$C_{AB} = -\frac{Wl}{12} \quad C_{BA} = +\frac{Wl}{12}$$

載重項目＝固端彎矩

用以固定兩端的力矩！

● 雖然載重項目可以藉由公式計算，但早一點記下這些代表公式會比較輕鬆喔。彎矩圖畫在突出側，以向下突出為正。桿端彎矩則是以順時針為正，符號必須從變形來考量。

Q 勁度 K 是什麼？

▼

A $K = \dfrac{I}{l}$（I：斷面二次矩，l：構材長度），彎曲難易度的指標。

 附在傾角變位法基本公式（ ）前的 $2EK$ 的 K 就是勁度，是從 $\dfrac{I}{l}$ 代換而來。若彈性模數 E 為定值，構材的彎曲難易度僅由勁度決定。力矩的分割也是依據勁度。

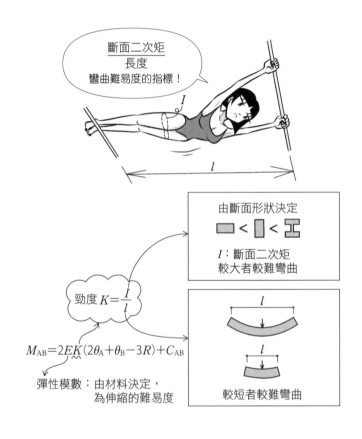

$$M_{AB} = 2EK(2\theta_A + \theta_B - 3R) + C_{AB}$$

Q 勁度比 k 是什麼？

A $k = \dfrac{K}{K_0}$（K_0：作為基準的勁度，標準勁度），表示勁度的比。

將勁度進一步表示成勁度比的話，公式就更單純了。要以哪一個勁度作為標準都可以，一般建議以最小勁度為 1 比較容易理解。作為標準勁度的構材勁度比就是 1。

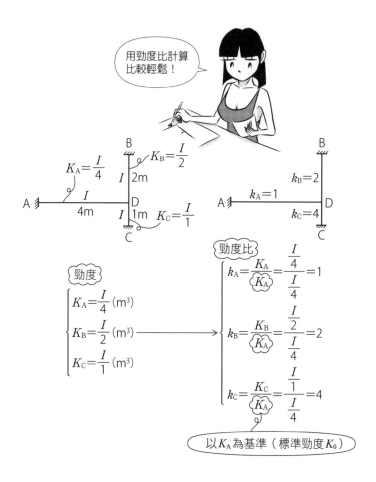

• 上圖是以 $K_A = \dfrac{I}{4}$ 為基準，即 $k_A = 1$；以 $K_C = I$ 為基準也可以，則 $k_C = 1$。此時變成 $k_A = 0.25$、$k_B = 0.5$。

Q 剛性增加率是什麼？

▼

A 依據樓板或牆壁的接合方式，使梁或柱的斷面二次矩 I 增加的比率。

剛性是指彎曲的困難度。若是梁與樓板為一體，與僅有長方形斷面的梁相較，前者較難彎曲。斷面二次矩的增加幅度，對應於彎曲難度增加的比率，就稱為剛性增加率。

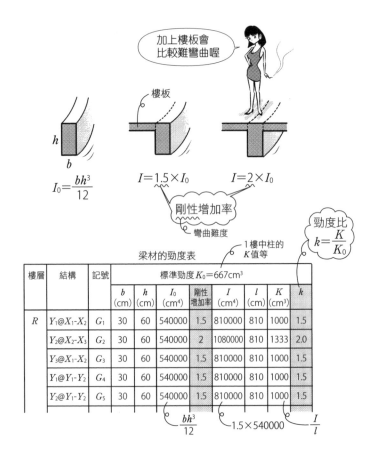

加上樓板會比較難彎曲喔

樓板

$I_0 = \dfrac{bh^3}{12}$　　$I = 1.5 \times I_0$　　$I = 2 \times I_0$

剛性增加率

彎曲難度

勁度比 $k = \dfrac{K}{K_0}$

梁材的勁度表

1樓中柱的 K 值等

樓層	結構	記號	標準勁度 $K_0 = 667 \text{cm}^3$							
			b (cm)	h (cm)	I_0 (cm⁴)	剛性增加率	I (cm⁴)	l (cm)	K (cm³)	k
R	$Y_1@X_1\text{-}X_2$	G_1	30	60	540000	1.5	810000	810	1000	1.5
	$Y_2@X_2\text{-}X_3$	G_2	30	60	540000	2	1080000	810	1333	2.0
	$Y_3@X_1\text{-}X_2$	G_3	30	60	540000	1.5	810000	810	1000	1.5
	$Y_1@Y_1\text{-}Y_2$	G_4	30	60	540000	1.5	810000	810	1000	1.5
	$Y_2@Y_1\text{-}Y_2$	G_5	30	60	540000	1.5	810000	810	1000	1.5

$\dfrac{bh^3}{12}$　　　1.5×540000　　$\dfrac{I}{l}$

- 勁度比只要依上表計算就不會出錯。之後再依據勁度比來分配各節點的力矩。
- 鋼骨造的梁也一樣，若是以稱為柱螺栓的金屬零件銲接到梁上，與上部的混凝土樓板一體化，可增加梁的剛性。

Q 如下圖，承受力矩作用的構架，在節點 D 的各構材的桿端彎矩，與勁度比成正比嗎？

▼

A 相同材料下，彈性模數 E 相等時，就會成正比。

以傾角變位法的基本公式組合時，節點 D 的對向節點全都是固定端，因此節點角為 0、構材角為 0，也沒有中間荷重，形成簡單的公式。以公式結果來看，可以知道各桿端彎矩是和勁度及勁度比成正比。

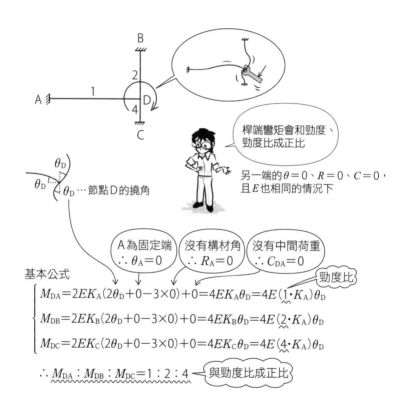

桿端彎矩會和勁度、勁度比成正比

另一端的 $\theta = 0$、$R = 0$、$C = 0$，且 E 也相同的情況下

θ_D … 節點 D 的撓角

A 為固定端 $\therefore \theta_A = 0$　　沒有構材角 $\therefore R_A = 0$　　沒有中間荷重 $\therefore C_{DA} = 0$

勁度比

基本公式

$$M_{DA} = 2EK_A(2\theta_D + 0 - 3 \times 0) + 0 = 4EK_A\theta_D = 4E(1 \cdot K_A)\theta_D$$

$$M_{DB} = 2EK_B(2\theta_D + 0 - 3 \times 0) + 0 = 4EK_B\theta_D = 4E(2 \cdot K_A)\theta_D$$

$$M_{DC} = 2EK_C(2\theta_D + 0 - 3 \times 0) + 0 = 4EK_C\theta_D = 4E(4 \cdot K_A)\theta_D$$

$$\therefore M_{DA} : M_{DB} : M_{DC} = 1 : 2 : 4 \quad \text{與勁度比成正比}$$

Q 節點方程式是什麼？

▼

A 各節點的桿端彎矩的和＝0的方程式。

作用在構材端部的桿端彎矩，會有大小相等的力矩作用在節點的對側。由於節點沒有轉動，合計的力矩應該會互相平衡，總和必定等於0。若集合在節點的構材桿端彎矩的和＝0，就是使節點轉動的力矩和＝0。

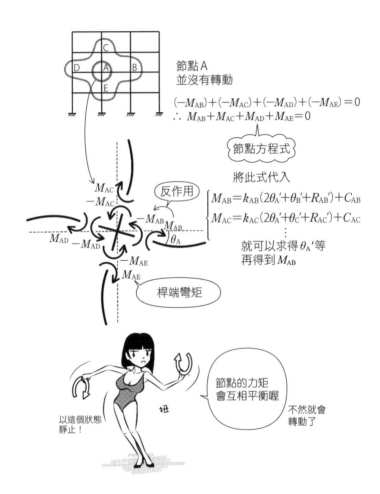

節點A
並沒有轉動

$$(-M_{AB}) + (-M_{AC}) + (-M_{AD}) + (-M_{AE}) = 0$$
$$\therefore\ M_{AB} + M_{AC} + M_{AD} + M_{AE} = 0$$

節點方程式

將此式代入

$$\begin{cases} M_{AB} = k_{AB}(2\theta_A' + \theta_B' + R_{AB}') + C_{AB} \\ M_{AC} = k_{AC}(2\theta_A' + \theta_C' + R_{AC}') + C_{AC} \\ \vdots \end{cases}$$

就可以求得 θ_A' 等
再得到 M_{AB}

反作用

桿端彎矩

節點的力矩
會互相平衡喔

不然就會
轉動了

以這個狀態
靜止！

扭

Q 如下圖，當節點D受到70kN·m的力矩作用時，節點D各構材的桿端彎矩是多少？

▼

A $M_{DA} = 10\text{kN}\cdot\text{m}$、$M_{DB} = 20\text{kN}\cdot\text{m}$、$M_{DC} = 40\text{kN}\cdot\text{m}$。

依勁度比的比例分配，即 $M_{DA} = \frac{k_A}{k} \times M$、$M_{DB} = \frac{k_B}{k} \times M$、$M_{DC} = \frac{k_C}{k} \times M$（$k = k_A + k_B + k_C$）。勁度比大、難以彎曲的構材會分配到較多力矩。

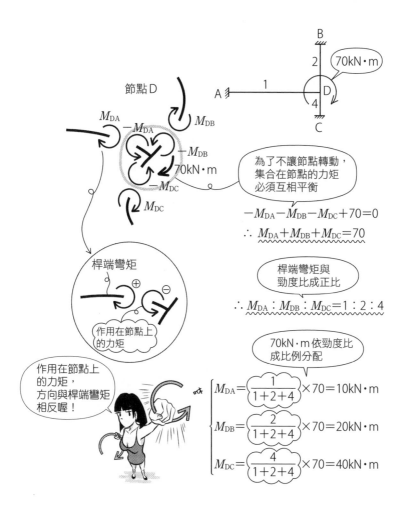

為了不讓節點轉動，集合在節點的力矩必須互相平衡

$$-M_{DA} - M_{DB} - M_{DC} + 70 = 0$$
$$\therefore M_{DA} + M_{DB} + M_{DC} = 70$$

桿端彎矩與勁度比成正比

$$\therefore M_{DA} : M_{DB} : M_{DC} = 1 : 2 : 4$$

70kN·m依勁度比成比例分配

$$M_{DA} = \frac{1}{1+2+4} \times 70 = 10\text{kN}\cdot\text{m}$$
$$M_{DB} = \frac{2}{1+2+4} \times 70 = 20\text{kN}\cdot\text{m}$$
$$M_{DC} = \frac{4}{1+2+4} \times 70 = 40\text{kN}\cdot\text{m}$$

作用在節點上的力矩，方向與桿端彎矩相反喔！

Q 如下圖，當構架受到90kN·m的力矩作用時，節點F各構材的桿端彎矩是多少？

▼

A M_{FA} = 10kN·m、M_{FB} = 20kN·m、M_{FC} = 20kN·m、M_{FD} = 40kN·m。

①由斷面二次矩和構材長度求得勁度，再求出勁度比標示在圖上；②列出節點的力矩平衡式，求出桿端彎矩的總和；③桿端彎矩的總和依勁度比成比例分配，便得出各個桿端彎矩。

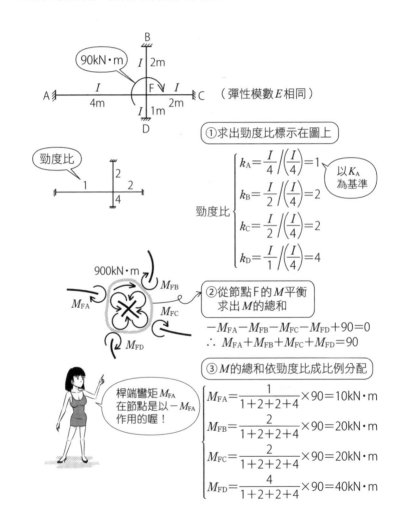

①求出勁度比標示在圖上

勁度比

$$k_A = \frac{I}{4} \Big/ \left(\frac{I}{4}\right) = 1$$　以K_A為基準

$$k_B = \frac{I}{2} \Big/ \left(\frac{I}{4}\right) = 2$$

$$k_C = \frac{I}{2} \Big/ \left(\frac{I}{4}\right) = 2$$

$$k_D = \frac{I}{1} \Big/ \left(\frac{I}{4}\right) = 4$$

②從節點F的M平衡求出M的總和

$$-M_{FA}-M_{FB}-M_{FC}-M_{FD}+90=0$$
$$\therefore\ M_{FA}+M_{FB}+M_{FC}+M_{FD}=90$$

③M的總和依勁度比成比例分配

桿端彎矩M_{FA}在節點是以$-M_{FA}$作用的喔！

$$M_{FA}=\frac{1}{1+2+2+4}\times 90 = 10\text{kN·m}$$

$$M_{FB}=\frac{2}{1+2+2+4}\times 90 = 20\text{kN·m}$$

$$M_{FC}=\frac{2}{1+2+2+4}\times 90 = 20\text{kN·m}$$

$$M_{FD}=\frac{4}{1+2+2+4}\times 90 = 40\text{kN·m}$$

Q 如何從柱的彎矩求得梁的彎矩？

▼

A 利用節點的力矩平衡來求得。

作用在節點上的力矩有與上下柱的桿端彎矩方向相反的力矩，以及與梁的桿端彎矩方向相反的力矩，兩者會互相平衡。以結果來說，將柱的桿端彎矩的總和依勁度比分配後，就會得到梁的桿端彎矩。

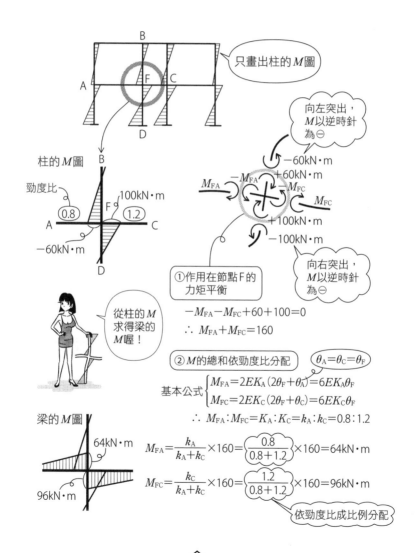

只畫出柱的M圖

柱的M圖

勁度比

100kN·m

−60kN·m

向左突出，M以逆時針為⊖

−60kN·m
+60kN·m

M_{FA}　$-M_{FA}$　$-M_{FC}$　M_{FC}

+100kN·m

−100kN·m

向右突出，M以逆時針為⊖

從柱的M求得梁的M喔！

①作用在節點F的力矩平衡

$$-M_{FA}-M_{FC}+60+100=0$$
$$\therefore\ M_{FA}+M_{FC}=160$$

②M的總和依勁度比分配　　$\theta_A=\theta_C=\theta_F$

基本公式 $\begin{cases} M_{FA}=2EK_A(2\theta_F+\theta_A)=6EK_A\theta_F \\ M_{FC}=2EK_C(2\theta_F+\theta_C)=6EK_C\theta_F \end{cases}$

$$\therefore\ M_{FA}:M_{FC}=K_A:K_C=k_A:k_C=0.8:1.2$$

梁的M圖

64kN·m

$$M_{FA}=\frac{k_A}{k_A+k_C}\times160=\frac{0.8}{0.8+1.2}\times160=64\text{kN·m}$$

$$M_{FC}=\frac{k_C}{k_A+k_C}\times160=\frac{1.2}{0.8+1.2}\times160=96\text{kN·m}$$

96kN·m

依勁度比成比例分配

Q 如下圖，只有支點 C 為鉸接的構架，承受力矩作用時，節點 F 各構材的桿端彎矩的比是多少？

▼

A $k_A : k_B : 0.75k_C : k_D$。

鉸接的支點 C 產生撓角 θ_C，桿端彎矩 M_{FC} 會變小。柔軟材料以相同角度彎曲時，與固定端相比，力矩可以較小。k_C 的 0.75 倍就是有效勁度比。若是使用有效勁度比，支點 C 可視為固定端，依據該比例來分配力矩。

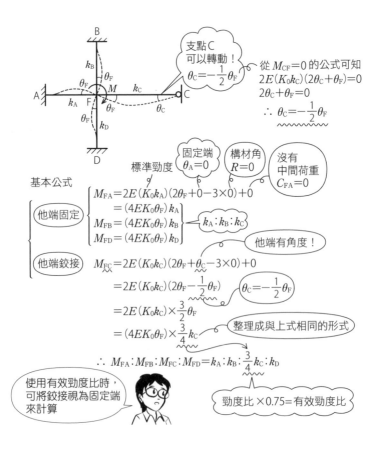

支點 C 可以轉動！
$\theta_C = -\dfrac{1}{2}\theta_F$

從 $M_{CF}=0$ 的公式可知
$2E(K_0 k_C)(2\theta_C + \theta_F) = 0$
$2\theta_C + \theta_F = 0$
$\therefore \theta_C = -\dfrac{1}{2}\theta_F$

固定端 $\theta_A = 0$　構材角 $R = 0$　沒有中間荷重 $C_{FA} = 0$

標準勁度

基本公式

他端固定
$$M_{FA} = 2E(K_0 k_A)(2\theta_F + 0 - 3 \times 0) + 0$$
$$= (4EK_0\theta_F)k_A$$
$$M_{FB} = (4EK_0\theta_F)k_B$$
$$M_{FD} = (4EK_0\theta_F)k_D$$

$k_A : k_B : k_C$

他端有角度！

他端鉸接
$$M_{FC} = 2E(K_0 k_C)(2\theta_F + \theta_C - 3 \times 0) + 0$$
$$= 2E(K_0 k_C)\left(2\theta_F - \dfrac{1}{2}\theta_F\right)$$
$\theta_C = -\dfrac{1}{2}\theta_F$
$$= 2E(K_0 k_C) \times \dfrac{3}{2}\theta_F$$
$$= (4EK_0\theta_F) \times \dfrac{3}{4}k_C$$

整理成與上式相同的形式

$$\therefore M_{FA} : M_{FB} : M_{FC} : M_{FD} = k_A : k_B : \dfrac{3}{4}k_C : k_D$$

使用有效勁度比時，可將鉸接視為固定端來計算

勁度比 ×0.75＝有效勁度比

Q 如下圖，若為對稱變形的構架時，節點F各構材的桿端彎矩的比是多少？

A $k_A：k_B：0.5k_C：k_D$。

k_C 取 $0.5k_C$，表示可將節點C當作固定端，就可以分配力矩。$0.5k_C$ 即有效勁度比。

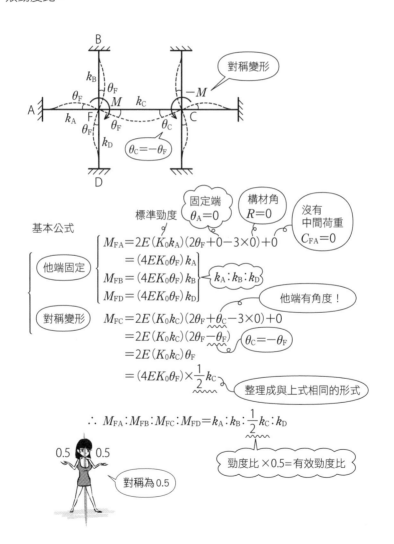

Q 如下圖，若為反對稱變形的構架時，節點F各構材的桿端彎矩的比是多少？

▼

A $k_A : k_B : 1.5k_C : k_D$。

k_C 取 $1.5k_C$，表示可將節點C當作固定端，就可以分配力矩。

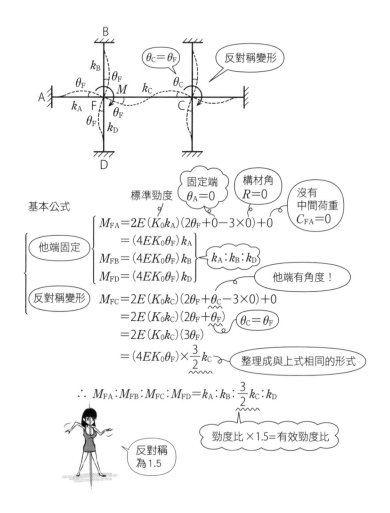

Q 1. 他端鉸接的有效勁度比是多少？
　　2. 對稱變形的有效勁度比是多少？
　　3. 反對稱變形的有效勁度比是多少？

▼

A 1. 0.75k。
　　2. 0.5k。
　　3. 1.5k。

這裡一併記下有效勁度比 k_e 吧。

有效勁度比 k_e、勁度比 k

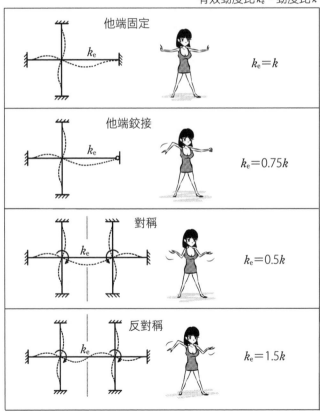

他端固定　k_e	$k_e = k$
他端鉸接　k_e	$k_e = 0.75k$
對稱　k_e	$k_e = 0.5k$
反對稱　k_e	$k_e = 1.5k$

●有效勁度比 k_e 的 e 是 effective（有效的）的 e。

Q 如下圖的構架，M_{AD} 與 M_{DA} 的關係是什麼？

▼

A $M_{AD} = \dfrac{1}{2} M_{DA}$。

在節點 D 分配的彎矩，只有 1/2 傳遞到對側的固定端。這個只傳遞一半的力矩稱為**傳遞彎矩**。

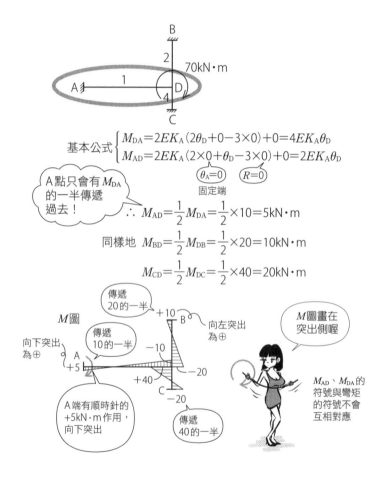

基本公式 $\begin{cases} M_{DA}=2EK_A(2\theta_D+0-3\times0)+0=4EK_A\theta_D \\ M_{AD}=2EK_A(2\times0+\theta_D-3\times0)+0=2EK_A\theta_D \end{cases}$

A 點只會有 M_{DA} 的一半傳遞過去！

$(\theta_A=0)$ $(R=0)$
固定端

$\therefore M_{AD}=\dfrac{1}{2}M_{DA}=\dfrac{1}{2}\times10=5\,\text{kN}\cdot\text{m}$

同樣地 $M_{BD}=\dfrac{1}{2}M_{DB}=\dfrac{1}{2}\times20=10\,\text{kN}\cdot\text{m}$

$M_{CD}=\dfrac{1}{2}M_{DC}=\dfrac{1}{2}\times40=20\,\text{kN}\cdot\text{m}$

M 圖

傳遞 20 的一半
向下突出為 ⊕
傳遞 10 的一半
向左突出為 ⊕
M 圖畫在突出側喔
A 端有順時針的 +5kN·m 作用，向下突出
傳遞 40 的一半
M_{AD}、M_{DA} 的符號與彎矩的符號不會互相對應

+10
B
−10
A
+5
+40
−20
C
−20

● $M_{AD}=\dfrac{1}{2}M_{DA}$ 的公式，可列出各構材的桿端彎矩公式，加入固定端的撓角 $\theta_A=0$、構材角 $R_A=0$ 整理一下，即可求得。

Q 層方程式是什麼？

▼

A 在各層將柱切斷，外部的水平力與內部的剪力互相平衡的公式。

■ 承受水平荷重的構架，水平力 P 與剪力 Q 互相平衡。各層只有一個未知數 R（柱的構材角）。層方程式（shear equation）亦稱剪力方程式。

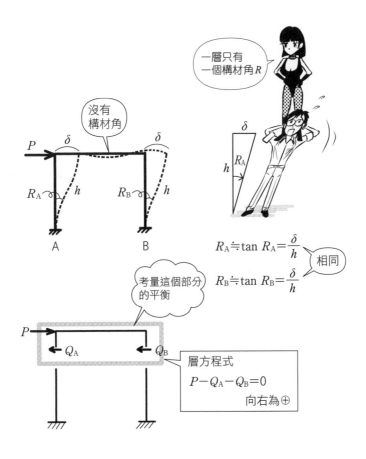

一層只有一個構材角 R

沒有構材角

$$R_A \fallingdotseq \tan R_A = \frac{\delta}{h}$$

$$R_B \fallingdotseq \tan R_B = \frac{\delta}{h}$$

相同

考量這個部分的平衡

層方程式

$$P - Q_A - Q_B = 0$$

向右為 ⊕

● 柱的構材角 R 是使用水平方向變位 δ 與柱高 h 表示，當 R 很小時，可用 $R \fallingdotseq \tan R = \frac{\delta}{h}$ 表示，水平方向變位 δ 與柱高 h 相等時，各柱的 R 就會相等。
● Q_A、Q_B 可以用桿端彎矩與柱高列出公式（R262）。

Q 柱高 h 不同時，構材角 R 會如何？

A 使用長度和變位，各層可用僅一個未知數 R 來表示。

水平方向變位 δ，在梁不會縮短的情況下，即使柱的長度改變，也會保持一定。因此，各柱的構材角可以用一個未知數來表示。

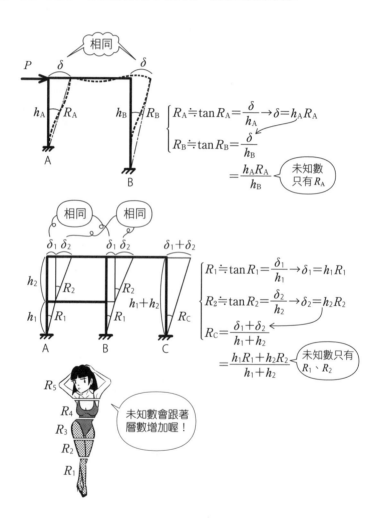

相同

$$\begin{cases} R_A \doteqdot \tan R_A = \dfrac{\delta}{h_A} \rightarrow \delta = h_A R_A \\[2mm] R_B \doteqdot \tan R_B = \dfrac{\delta}{h_B} \\[2mm] \qquad\quad = \dfrac{h_A R_A}{h_B} \end{cases}$$

未知數
只有 R_A

相同　相同

$$\begin{cases} R_1 \doteqdot \tan R_1 = \dfrac{\delta_1}{h_1} \rightarrow \delta_1 = h_1 R_1 \\[2mm] R_2 \doteqdot \tan R_2 = \dfrac{\delta_2}{h_2} \rightarrow \delta_2 = h_2 R_2 \\[2mm] R_C = \dfrac{\delta_1 + \delta_2}{h_1 + h_2} \\[2mm] \qquad = \dfrac{h_1 R_1 + h_2 R_2}{h_1 + h_2} \end{cases}$$

未知數只有
R_1、R_2

未知數會跟著
層數增加喔！

Q 如何從柱的桿端彎矩求得柱的剪力 Q？

▼

A 使用彎矩的斜率（微分）＝ Q。

以撓角 θ、構材角 R 為未知數，列出桿端彎矩的公式，再代入層方程式中。此時必須將桿端彎矩替換成剪力。

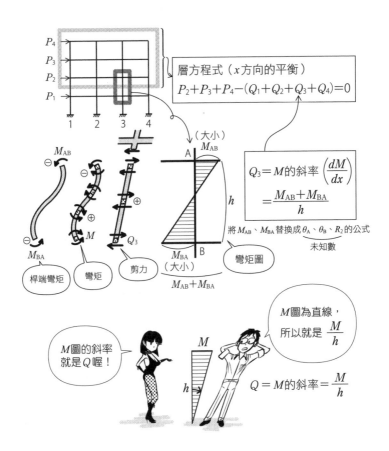

層方程式（x 方向的平衡）

$$P_2+P_3+P_4-(Q_1+Q_2+Q_3+Q_4)=0$$

$$Q_3=M\text{的斜率}\left(\dfrac{dM}{dx}\right)$$

$$=\dfrac{M_{\mathrm{AB}}+M_{\mathrm{BA}}}{h}$$

將 M_{AB}、M_{BA} 替換成 θ_{A}、θ_{B}、R_2 的公式

未知數

桿端彎矩　彎矩　剪力　彎矩圖

M_{AB}
M_{BA}

（大小）M_{AB}

M_{BA}（大小）

$M_{\mathrm{AB}}+M_{\mathrm{BA}}$

M 圖的斜率就是 Q 喔！

M 圖為直線，所以就是 $\dfrac{M}{h}$

$Q＝M$ 的斜率 $＝\dfrac{M}{h}$

● Q 以桿端彎矩 M_{AB} 等表示，桿端彎矩則用傾角變位法基本公式的角度 θ、R 表示，層方程式就變成以 θ、R 表示的方程式。

Q 傾角變位法的未知數和方程式的數量是多少？

▼

A 節點數＋層數。

 節點數是表示節點的角度＝撓角 θ、層數是表示柱的構材角 R，其各自的未知數。此外，節點數也表示節點周圍的力矩平衡式＝節點方程式，層數則表示層方程式，如果未知數的數量＝方程式的數量，就可以用聯立方程式求解。

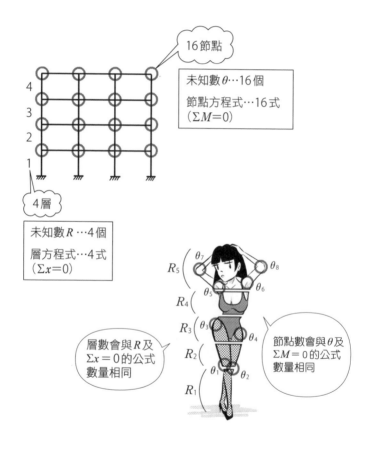

16節點

未知數 θ…16個

節點方程式…16式

（$\Sigma M=0$）

4

3

2

1

4層

未知數 R…4個

層方程式…4式

（$\Sigma x=0$）

R_5　θ_7　θ_8

θ_5　θ_6

R_4

R_3　θ_3　θ_4

層數會與 R 及 $\Sigma x=0$ 的公式數量相同

R_2

節點數會與 θ 及 $\Sigma M=0$ 的公式數量相同

θ_1　θ_2

R_1

● 柱的高度 h 可以使用梁的中心至中心的結構樓高，梁的長度 l 可以使用柱的中心至中心的結構跨距。

Q 傾角變位法的列表是什麼？

▼

A 如下圖，只擷取出角度前的數字所形成的表。

省略了複雜的聯立方程式。

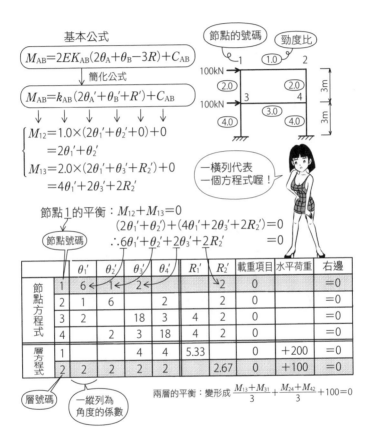

基本公式

$$M_{AB}=2EK_{AB}(2\theta_A+\theta_B-3R)+C_{AB}$$

簡化公式

$$M_{AB}=k_{AB}(2\theta_A'+\theta_B'+R')+C_{AB}$$

節點的號碼　勁度比

$$M_{12}=1.0\times(2\theta_1'+\theta_2'+0)+0$$
$$=2\theta_1'+\theta_2'$$

$$M_{13}=2.0\times(2\theta_1'+\theta_3'+R_2')+0$$
$$=4\theta_1'+2\theta_3'+2R_2'$$

一橫列代表一個方程式喔！

節點1的平衡：$M_{12}+M_{13}=0$
$$(2\theta_1'+\theta_2')+(4\theta_1'+2\theta_3'+2R_2')=0$$
$$\therefore 6\theta_1'+\theta_2'+2\theta_3'+2R_2'=0$$

節點號碼

		θ_1'	θ_2'	θ_3'	θ_4'	R_1'	R_2'	載重項目	水平荷重	右邊
節點方程式	1	6	1	2			2	0		=0
	2	1	6		2		2	0		=0
	3	2		18	3	4	2	0		=0
	4		2	3	18	4	2	0		=0
層方程式	1			4	4	5.33		0	+200	=0
	2	2	2	2	2		2.67	0	+100	=0

層號碼　一縱列為角度的係數

兩層的平衡：變形成 $\dfrac{M_{13}+M_{31}}{3}+\dfrac{M_{24}+M_{42}}{3}+100=0$

Q 求得桿端彎矩後,如何進一步求出構材各部位的彎矩?

▼

A 將構架構材替換成有桿端彎矩在作用的簡支梁,再以應力平衡求出。

只要知道節點所承受的桿端彎矩,就可以替換成簡支梁。構架的各個構材,都可以視為端部轉動被桿端彎矩拘束住的簡支梁。

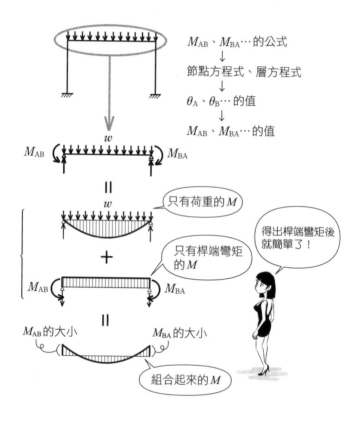

M_{AB}、M_{BA}⋯的公式
↓
節點方程式、層方程式
↓
θ_A、θ_B⋯的值
↓
M_{AB}、M_{BA}⋯的值

只有荷重的 M

只有桿端彎矩的 M

得出桿端彎矩後就簡單了!

M_{AB} 的大小　　　M_{BA} 的大小

組合起來的 M

● 受到桿端彎矩作用的簡支梁,將荷重作用的 M 圖和桿端彎矩作用的 M 圖重合(相加)後,就可以得到兩者作用的 M 圖了。

Q 彎矩分配法是什麼？

▼

A ①先將各節點的轉動以固定彎矩固定；②將該固定以解放彎矩解放，再各自將應力重合，藉以求得應力的方法。

硬把節點固定的固定彎矩是原本沒有的力量，與後來加入的反方向解放彎矩相加後即為0，兩者一致。為了固定節點，若是加入＋60kN的固定彎矩，就要再加入與之相抵消的解放彎矩－60kN。

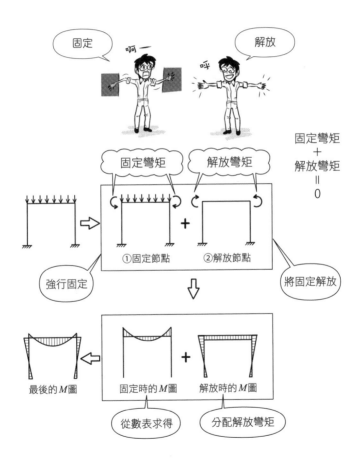

• 彎矩分配法是一種概算法，常用在承受垂直荷重的構架應力計算。

Q 若在節點加入解放彎矩，下一步要如何計算？

▼

A ①以有效勁度比分配，②傳遞 1/2 至另一端。

彎矩作用在節點上時，會依據有效勁度比分配到各個構材。分配到的解放彎矩只會傳遞 1/2 至另一端，稱為傳遞彎矩（參見 R259）。

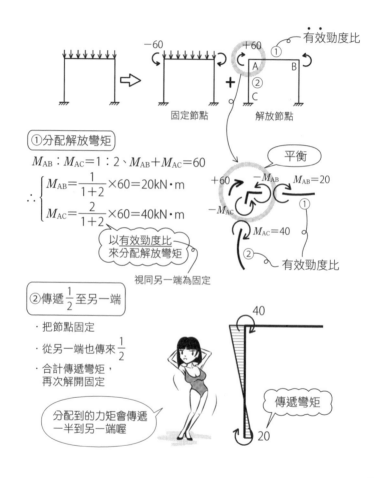

①分配解放彎矩

$M_{AB}:M_{AC}=1:2 \cdot M_{AB}+M_{AC}=60$

$$\therefore \begin{cases} M_{AB}=\dfrac{1}{1+2}\times 60=20\mathrm{kN\cdot m} \\ M_{AC}=\dfrac{2}{1+2}\times 60=40\mathrm{kN\cdot m} \end{cases}$$

以有效勁度比
來分配解放彎矩

視同另一端為固定

②傳遞 $\dfrac{1}{2}$ 至另一端

· 把節點固定

· 從另一端也傳來 $\dfrac{1}{2}$

· 合計傳遞彎矩，
　再次解開固定

分配到的力矩會傳遞
一半到另一端喔

傳遞彎矩

平衡

$+60 \quad -M_{AB} \quad M_{AB}=20$

$-M_{AC}$

$M_{AC}=40$

有效勁度比

- 傳遞至另一端時，另一端應為固定。從另一端傳來傳遞彎矩時，其本身也是固定。合計節點上所有的傳遞彎矩，加上其大小相等、方向相反的彎矩後，將該固定再次解放。重複這樣固定→解放→固定→解放的程序，就可以逐漸接近實際的彎矩作用情形。

Q 固定荷重、承載荷重是什麼？

▼

A 建物本體的重量為固定荷重（亦稱靜載重），家具、物品、人等的重量是承載荷重（亦稱活載重）。

以人為例，體重就是固定荷重，手上拿的物品是承載荷重。

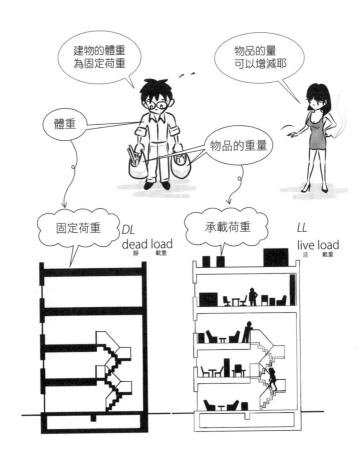

建物的體重為固定荷重

物品的量可以增減耶

體重

物品的重量

固定荷重 *DL* dead load 靜載重

承載荷重 *LL* live load 活載重

10 建築中的其他外力

- 日本建築基準法施行令84條為固定荷重、85條是承載荷重，說明每 1m² 的數值。
- 日本建築基準法中有「荷重與外力」專章。物理所說的外力，是指從物體外側所施加的力量，荷重是由地心引力所造成，因此也算是外力的一種。此外，風荷重、地震荷重等的水平外力，也是荷重的一種，所以可以將外力與荷重想成同樣的東西。

Q 厚度1cm的每1m²鋼筋混凝土、混凝土、水泥砂漿的固定荷重是多少？

▼

A 0.24kN/cm·m²、0.23kN/cm·m²、0.2kN/cm·m²。

與水的重量（10kN/m³）相比，鋼筋混凝土的比重為2.4、混凝土為2.3、水泥砂漿為2。只要記住這些數字，之後就可以如下計算出來。

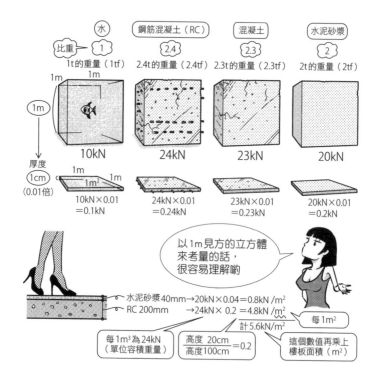

● 鋼筋混凝土是在混凝土中加入鋼筋（比重7.85），比混凝土來得重。混凝土是在水泥砂漿中加入礫石，比水泥砂漿重。以2.4→2.3→2與比重來記比較方便喔。

Q 承載荷重分成哪三種？

▼

A 樓板用、構架用、地震力用。

承載荷重的大小為樓板用＞構架用＞地震力用。就算同樣是住宅的房間，各自的承載荷重訂定為1800、1300、600N/m²。

承載荷重

結構計算的對象 房間種類	樓板	構架 （大梁、柱、基礎）	地震力	
住宅的房間、住宅以外的建築物的寢室或病房	1800	1300	600	(N/m²)

要記下來

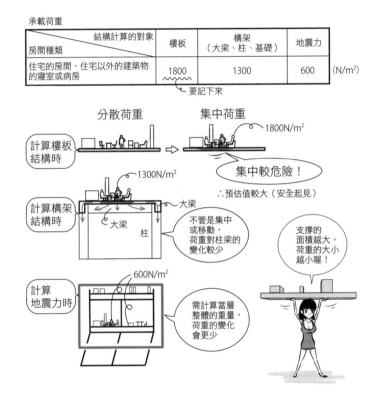

分散荷重　　　　集中荷重

計算樓板結構時　　　　　1800N/m²

集中較危險！

∴預估值較大（安全起見）

計算構架結構時　　1300N/m²

大梁　大梁　柱

不管是集中或移動，荷重對柱梁的變化較少

支撐的面積越大，荷重的大小越小喔！

計算地震力時　　600N/m²

需計算當層整體的重量，荷重的變化會更少

● 作用在1m²樓板的荷重，會依物品的位置而大有差異。對於支撐樓板的梁或柱，物品的位置沒有太大影響。地震力是由當層的柱來承受該層以上的所有重量，因此會更加分散。要注意結構體支撐的樓板越大，荷重的影響越分散，危險性也隨之降低。這樣就可以預估風險降低的程度，將之轉換成數值。

Q 哪些地方的樓板用承載荷重是 2900N/m² 呢？

▼

A 辦公室、百貨公司‧店舖的賣場、劇場‧電影院的觀眾席等。

相較於住宅的房間或教室等，上述地方的設定值比較大。

承載荷重　　　　　　　　　　　(N/m²)

房間種類	結構計算的對象	樓板	備註
(1) 住宅的房間、住宅以外的建築物的寢室或病房		1800	
(2) 辦公室		2900	
(3) 教室		2300	
(4) 百貨公司或店舖的賣場		2900	
(5) 劇場、電影院、集會館等的觀眾席、集會堂	固定席	2900	‧固定席的變動較少，故較小
	其他	3500	
通過 (3)～(5) 的房間的走廊、玄關、樓梯		3500	‧有荷重集中、衝擊的可能性，故數值較大

● 日本建築基準法施行令 85 條中，説明可以因應實際情況計算，或是使用這些數字來計算，而一般實務上是直接利用這個表的數值進行計算。

Q 倉儲業的倉庫、車庫的樓板用承載荷重是多少？

▼

A 3900N/m²、5400N/m²。

倉庫是放置物品的空間，還要承受放置時的衝擊力，因此為 3900N/m²，數值較高。此外，一輛車的重量大約是 1t 強（10000N 強），還會在地板上移動，在承載荷重表中是最大的數值。至於屋頂廣場、陽台如下表所示，分別為 1800N/m²、2900N/m²。

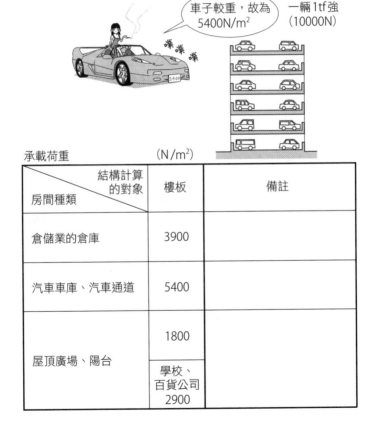

車子較重，故為 5400N/m²

一輛1tf強（10000N）

承載荷重 (N/m²)

房間種類 ＼ 結構計算的對象	樓板	備註
倉儲業的倉庫	3900	
汽車車庫、汽車通道	5400	
屋頂廣場、陽台	1800	
	學校、百貨公司 2900	

● 若是倉儲業的倉庫，即使因應實際情況計算出來的數值不到 3900N/m²，為了安全起見，設計時仍必須使用 3900N/m²。

Q 樓板荷重表是什麼？

▼

A 列出固定荷重（*DL*）、承載荷重（*LL*）合計起來的全荷重（*TL*）的表。

如下圖，列出樓板荷重表，整理出每 1m² 的樓板重量。梁的重量是該梁所負擔的樓板面積的平均值，只要將該數值乘上樓板面積，就可以計算出樓板面積的重量，非常方便。

樓板荷重表（kN/m²）

房間		樓板用	構架用	地震力用
R樓屋頂	DL	6.10	6.10	6.10
	LL	1.80	1.30	0.60
	TL	7.90	7.40	6.70
辦公室	DL	4.50	4.50	4.50
	LL	2.90	1.80	0.80
	TL	7.40	6.30	5.30
樓梯	DL	6.90	6.90	6.90
	LL	2.90	1.80	0.80
	TL	9.80	8.70	7.70

三者都是從體積計算出固定荷重

法律訂定的承載荷重，為了避免集中的可能性，三者皆不相同

DL：dead load 固定荷重
LL：live load 承載荷重
TL：total load 合計荷重

表示出
DL + *LL* = *TL*
的表呀

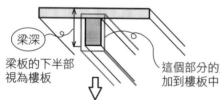

梁深
梁板的下半部視為樓板

這個部分的重量計算加到樓板中

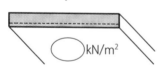

◯ kN/m²

● 小梁設計用的承載荷重並未明訂，使用樓板用、構架用或取平均值都可以。保守值當然還是使用樓板用的數值。

Q 什麼情況下可以折減承載荷重？

▼

A 計算柱的壓力時，下層的柱可以折減。

依據支撐的樓板數量來決定折減率。支撐的樓板越多，就整體來看，各構材所受物品集中的影響程度越少。

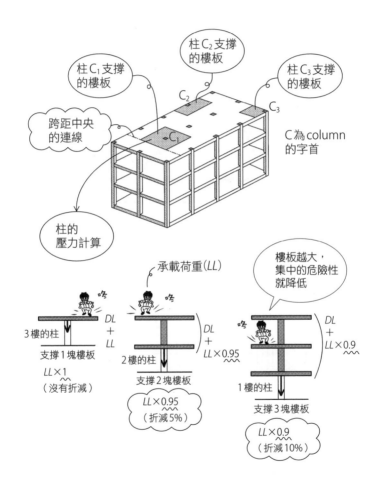

●柱所支撐的樓板，可以從跨距中央切開。梁左右端的剪力不同時，若是從跨距中央切開，柱左右的壓力會有微妙的不同，不過在荷重計算中可以忽略不計這點。

Q 如何決定大梁所負擔的樓板荷重？

▼

A 如下圖，從梁的交點拉出二等分線（普通45°線），與梁的平行線相交後形成的梯形、三角形部分，就是其負擔的樓板荷重。

大致將樓板分割成如下圖的形狀。有小梁時，要先計算小梁負擔的部分，該部分會形成集中荷重作用在大梁上。

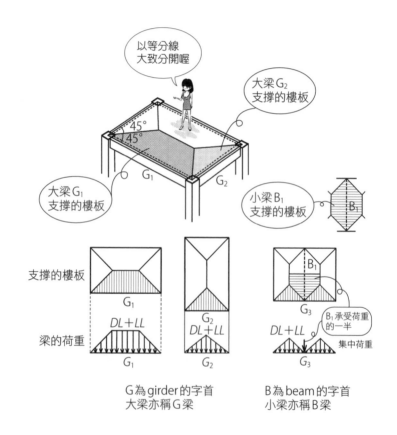

G為 girder 的字首
大梁亦稱 G 梁

B為 beam 的字首
小梁亦稱 B 梁

●若是鋼骨造的鋼承鈑（凹凸狀彎折的鋼板），重量的作用方向為單一方向。

Q 雪的重量如何估算？

▼

A 以每 1m² 的每 1cm 高度為 20N/m² 來計算。

剛降下的雪比重多為 0.05 前後，積雪再從上方擠壓也才 0.1 強左右，建築設計是偏向保守值的 0.2，以水的 0.2 倍重量來計算。每 1m³ 為 10kN×0.2 ＝ 2000N，修正成 1cm 厚度就是 2000N×0.01 ＝ 20N。

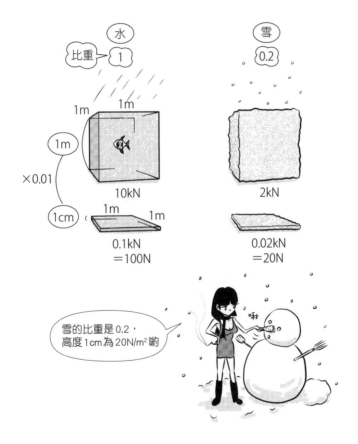

Q 可以折減積雪荷重嗎？

▼

A 可以利用屋頂斜率（斜屋頂）來折減。

屋頂斜率超過60°，雪的重量即為0；若斜率 β 在60°以下，則會折減 μ_b = $\sqrt{\cos(1.5\beta)}$。折減率 μ_b 稱為屋頂形狀係數。

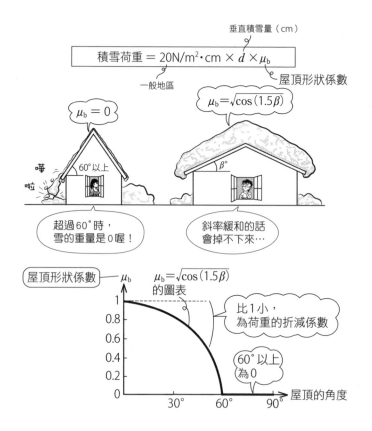

$$積雪荷重 = 20N/m^2 \cdot cm \times d \times \mu_b$$

垂直積雪量（cm）

一般地區

屋頂形狀係數

$\mu_b = \sqrt{\cos(1.5\beta)}$

$\mu_b = 0$

60°以上

$\beta°$

超過60°時，
雪的重量是0喔！

斜率緩和的話
會掉不下來…

嘩
啦

屋頂形狀係數 — μ_b

$\mu_b = \sqrt{\cos(1.5\beta)}$ 的圖表

比1小，
為荷重的折減係數

60°以上
為0

屋頂的角度

- 其他可以視下雪的實際情況，折減至積雪1m。
- 用以計算的垂直積雪量（高度），各地區規定不同。積雪1m以上的地區就是多雪區域。一般地區每1cm約為20N/m²，多雪區域必須使用地區各自訂定的數字。

Q 如何計算風荷重？

▼

A 以暴風時的風壓力（N/m²），配合建物各層的受壓面積，以作用在各層的風壓力合計計算而得。

得到風壓力之後，以各層的風荷重（N）＝風壓力（N/m²）×受壓面積（m²）來做計算。這就是各層樓板在橫向所承受的力。與之抵抗的是各層整體的柱或牆壁所產生的剪力（層剪力）。

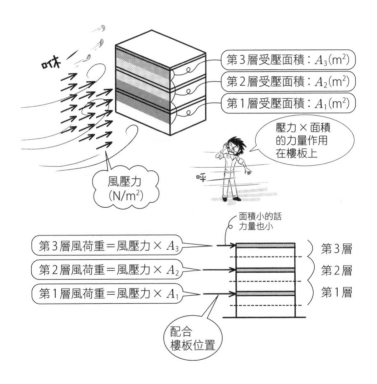

- 分別計算各層的風壓力合計，乘上橫向樓板面積，與地震力的計算相同。
- 將短期的水平荷重與地震荷重、風荷重做比較，取較大者進行計算。低層的情況常以地震荷重進行計算。

Q 風壓力與風速的幾次方成正比？

▼

A 與2次方成正比。

 風壓力是由空氣動能所產生。質量 m、速度 v 的動能為 $\frac{1}{2}mv^2$，因此與 v^2 成正比。

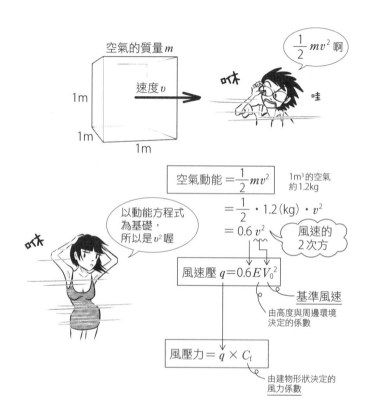

• 在日本建築基準法中，風壓力＝風速壓×風力係數，風速壓中的速度有2次方。

Q 地表面粗度區分類別是什麼？

▼

A 區分四周對於風的抵抗程度的一種分類方式。

從沿海等無障礙物的類別I，到大城市等城市化顯著的類別IV，共分成四個階段的類別。依據這些類別，得到 G_f、E_r 等係數，再由此求出 E。

地表面粗度區分類別

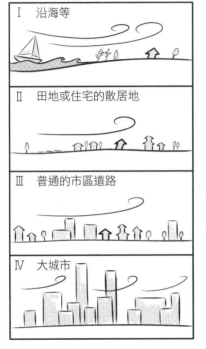

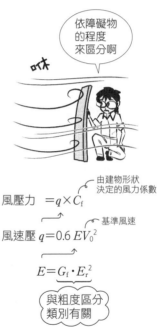

依障礙物的程度來區分啊

由建物形狀決定的風力係數

風壓力 $= q \times C_f$

基準風速

風速壓 $q = 0.6 \, EV_0^2$

$E = G_f \cdot E_r^2$

與粗度區分類別有關

Q 基準風速 V_0、$E_r \times V_0$ 表示什麼？

▼

A 基準風速 V_0 是暴風發生時的平均風速，各地區的規定不同。$E_r \times V_0$ 則是隨著高度方向分布的對象建物，所承受的平均風速。

V_0 依地區決定。E_r 是由粗度區分類別與建物高度來決定的係數，也就是平均風速的高度方向的分布係數。各粗度區分類別的 E_r 大小為 I ＞ II ＞ III ＞ IV。

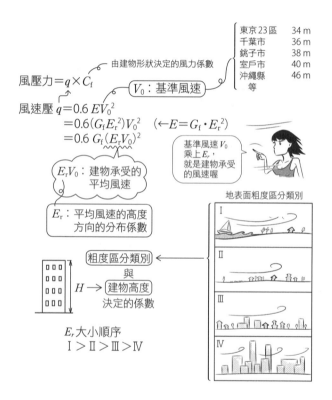

東京23區　34 m
千葉市　36 m
銚子市　38 m
室戶市　40 m
沖繩縣　46 m
　等

由建物形狀決定的風力係數

風壓力＝$q \times C_f$

V_0：基準風速

風速壓 $q = 0.6\,EV_0^2$
　　　$= 0.6(G_f E_r^2)V_0^2$　（←$E = G_f \cdot E_r^2$）
　　　$= 0.6\,G_f(E_r V_0)^2$

$E_r V_0$：建物承受的平均風速

基準風速 V_0 乘上 E_r，就是建物承受的風速喔

E_r：平均風速的高度方向的分布係數

地表面粗度區分類別

I
II
III
IV

粗度區分類別
與
建物高度
決定的係數

$H \to$

E_r 大小順序
I ＞ II ＞ III ＞ IV

- 基準風速 V_0 是暴風發生時，於地上 10m、10 分鐘間的平均風速。以這個數字為基準，就可從四周狀況（粗度區分類別）與建物高度的計算式，得到建物在暴風時承受的平均風速。
- 求取 E_r 的算式，在 $H > 10$ 時會以（高度/10）的 0.27 次方 ×1.7 等相當複雜的算式來計算。

Q 陣風反應因子 G_f（gust response factor）是什麼？

▼

A 考量陣風的影響，而使平均風速增幅的因子。

◆ 周圍的建物越多（粗度區分類別為 III、IV 等），風速的變動會越大，而
建物的高度越高，形成的風壓所承受的風的流動的變動越小。各粗度區
分類別的 G_f 大小為 I ＜ II ＜ III ＜ IV。

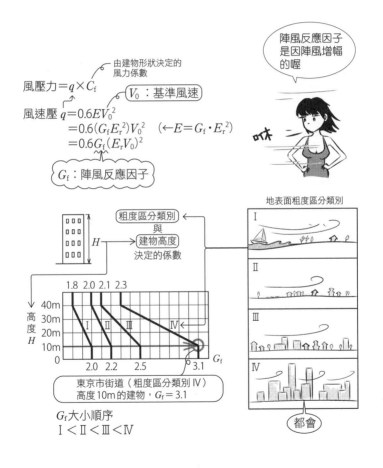

由建物形狀決定的
風力係數

風壓力 $= q \times C_f$

V_0：基準風速

風速壓 $q = 0.6EV_0^2$
$= 0.6(G_f E_r^2)V_0^2$ （←$E = G_f \cdot E_r^2$）
$= 0.6G_f(E_r V_0)^2$

G_f：陣風反應因子

陣風反應因子
是因陣風增幅
的喔

粗度區分類別
與
建物高度
決定的係數

地表面粗度區分類別

I

II

III

IV

1.8 2.0 2.1 2.3

高度 H

40m
30m
20m
10m
0

I II III IV

2.0 2.2 2.5 3.1 G_f

東京市街道（粗度區分類別 IV）
高度 10m 的建物，$G_f = 3.1$

G_f 大小順序
I ＜ II ＜ III ＜ IV

都會

● 以粗度區分類別製成的 G_f 圖表，是由縱軸的建物高度決定 G_f。正確來說，H 要
取建物高度與屋簷高度的平均值。若是斜屋頂，就取其平均高度。

Q 風力係數 C_f 是什麼？

▼

A 由建物的形狀與風向來決定的係數。

即使是相同風速壓、相同高度 H 的建物，風壓力也會依形狀與風向而改變。表示此變化的係數就是風力係數，隨著形狀與計算風壓力的高度 Z 而變動。

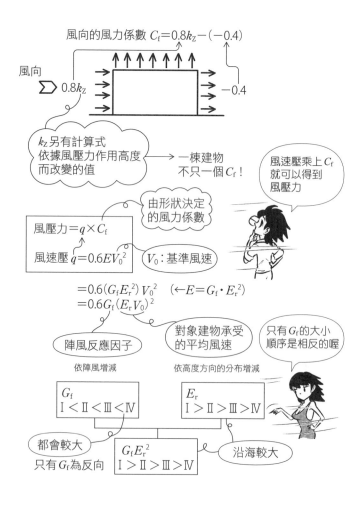

●風力係數 C_f 會隨著高度 Z 而改變，因此一棟建物不會只有一個數值。

Q 震度與震度階級（震度階）是什麼？

▼

A 震度（seismic scale）是指地震的加速度為重力加速度的幾倍的數值，震度階則是日本氣象廳配合人的體感和災害狀況，用以表示地震大小的分級方式。

電視、廣播所發布的震度3等的震度，其實是指震度階。震度是表示重力加速度 G（$9.8m/s^2 \risingdotseq 10m/s^2$）的幾倍的數值，以0.2為基準。計算地震荷重時，是以0.2G的加速度為基準。

- 橫向有0.2G的加速度作用，就表示所受的橫向力是體重的0.2倍。若是100kg重（100kgf）的人，橫向就有20kgf的力在作用。地震加速度會時大時小，或從反向作用，不過不管是從哪個方向，都是用0.2G來計算。
- 地震規模（magnitude scale）是指震源釋放的能量。

Q 在結構計算中，地震力（地震荷重）的作用位置是哪裡？

▼

A 作用在各層的樓板。

■ 重量集中在樓板，水平的地震力作用在樓板上。地震力為加速度 × 質量 = 0.2G × 各層的質量 = 0.2 × (各層的質量 × G) = 0.2 × 各層的重量。

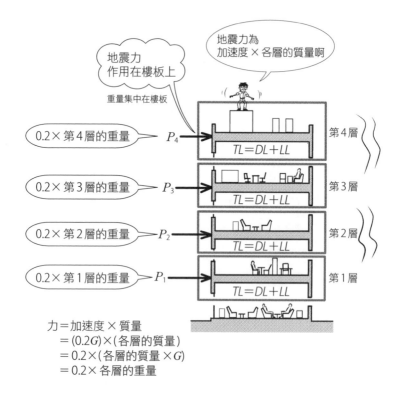

● 將柱和牆壁從中央切半，分別計入上下層的樓板重量。每層都以樓板中心作考量，與風壓力的計算相同。

● 地震的加速度 0.2G（0.2 × 9.8m/s²），是使用以高度增幅等修正後的數值。上述算式會比較複雜一點。

● 若為中低層建物，地震力的影響會比風壓力來得大。若是中低層的重型 RC 造建物，可以省略風壓力的檢討。此外，計算時都是假設大地震與颱風不會同時侵襲（發生機率非常低）的狀況。

Q 前項中，I樓的剪力總計是多少？

▼

A 0.2×(第I層的重量＋第2層的重量＋第3層的重量＋第4層的重量)。

 作用在各層柱的剪力合計＝層剪力，即為作用其上的外力P的合計（參見R227）。因此，I樓為 $P_1 + P_2 + P_3 + P_4$，2樓則為 $P_2 + P_3 + P_4$。

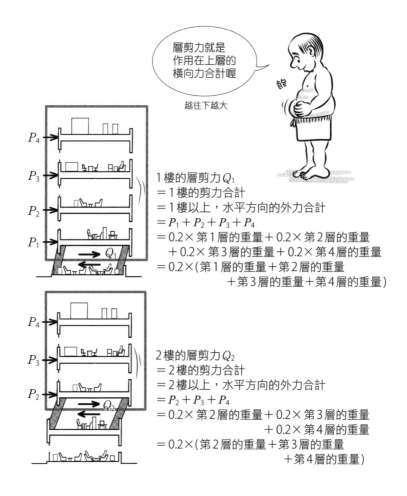

層剪力就是
作用在上層的
橫向力合計喔

越往下越大

1樓的層剪力 Q_1
＝1樓的剪力合計
＝1樓以上，水平方向的外力合計
＝ $P_1 + P_2 + P_3 + P_4$
＝0.2× 第1層的重量＋0.2× 第2層的重量
　＋0.2× 第3層的重量＋0.2× 第4層的重量
＝0.2×(第1層的重量＋第2層的重量
　　　　＋第3層的重量＋第4層的重量)

2樓的層剪力 Q_2
＝2樓的剪力合計
＝2樓以上，水平方向的外力合計
＝ $P_2 + P_3 + P_4$
＝0.2× 第2層的重量＋0.2× 第3層的重量
　　　　　　　　　＋0.2× 第4層的重量
＝0.2×(第2層的重量＋第3層的重量
　　　　　　　　　＋第4層的重量)

●地震加速度為0.2G時，為上述的簡單式。若是使用依日本建築基準法將各層的0.2G加以修正後的數值，就會變成較複雜的算式。

Q 地震層剪力係數 C_i 是什麼？

▼

A 各層用以修正標準震度0.2的數值。

以震度0.2、地震加速度0.2G為標準，為了修正各層的震度而加上的各種係數，就是地震層剪力係數 C_i。C_i 是使用第 i 層以上的重量，來計算出第 i 層的層剪力。

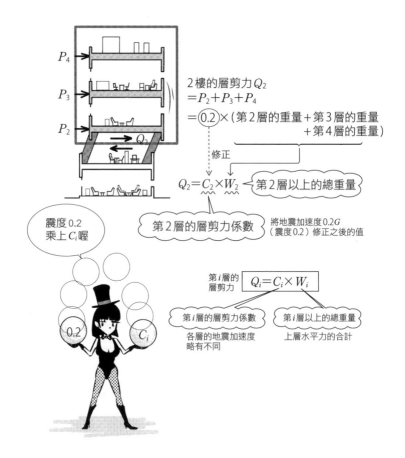

2樓的層剪力 Q_2
$=P_2+P_3+P_4$
$=\boxed{0.2}\times$（第2層的重量＋第3層的重量
＋第4層的重量）

修正

$Q_2=C_2\times W_2$　第2層以上的總重量

第2層的層剪力係數　　將地震加速度0.2G（震度0.2）修正之後的值

震度0.2 乘上 C_i 喔

第 i 層的層剪力　$\boxed{Q_i=C_i\times W_i}$

第 i 層的層剪力係數　　第 i 層以上的總重量
各層的地震加速度略有不同　　上層水平力的合計

0.2　　C_i

• 常與 Q_i 一起使用的記號 W_i，要特別注意是指第 i 層以上的總重量，不只是第 i 層的重量。$C_i\times W_i$ 所得到的 Q_i，是指第 i 層的層剪力，也是作用在第 i 層以上的地震力的總計。若要求得作用在各層的 P_i，可以利用 Q_i 之間的減法來計算。在應力計算中，各個 P_i 也可以用各自的地板重量加以計算。

Q 計算層剪力係數C_i的公式是什麼？

▼

A $C_i = Z \cdot R_t \cdot A_i \cdot C_0$。

◆ C_0為標準剪力係數，通常是0.2。這是以震度0.2、地震加速度0.2G（G：重力加速度）為標準的情況。配合地域係數Z（參見R289）、振動特性係數R_t（參見R290）、隨高度方向增幅的分布係數A_i（參見R295），就可以得到C_i。

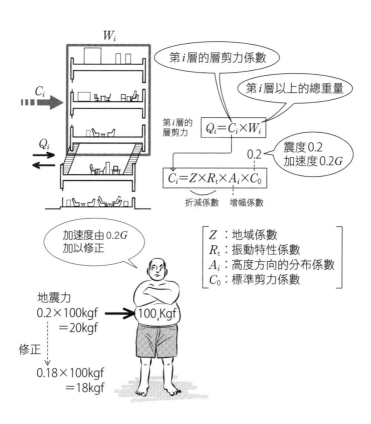

- C_0在0.2以上者，例如位於軟弱地盤區域的木造建築物，是0.3以上。進行必要極限水平承載力的計算時，則是要有1.0以上。

Q 地震地域係數 Z 是什麼？

▼

A 依據各地區過去的地震統計資料所訂定的折減係數。

沒有發生過大地震的沖繩為 0.7，很少發生大地震的福岡為 0.8、札幌為 0.9，東京、名古屋、大阪、仙台則為 1，地域係數 Z 訂定在 1 以下，為層剪力係數的折減係數。因此，常發生大地震的本州太平洋側，不會有 Z 的折減情況。

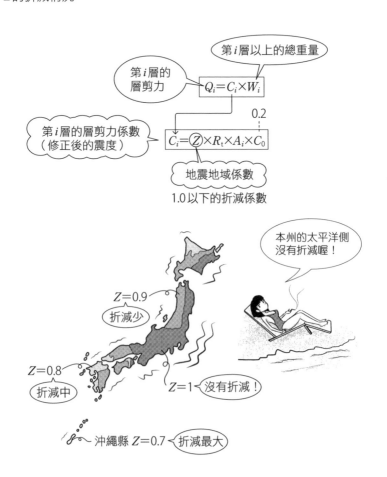

第 i 層以上的總重量

第 i 層的層剪力

$$Q_i = C_i \times W_i$$

0.2

第 i 層的層剪力係數（修正後的震度）

$$C_i = Z \times R_t \times A_i \times C_0$$

地震地域係數

1.0 以下的折減係數

本州的太平洋側沒有折減喔！

$Z=0.9$
折減少

$Z=0.8$
折減中

$Z=1$ 沒有折減！

沖繩縣 $Z=0.7$ 折減最大

Q 振動特性係數 R_t 是什麼？

▼

A 由建物的固有週期與地盤的振動特性所決定的折減係數。

固有週期較長的高層建物，與短週期的地震振動之間具有難以**共振**的性質。因此，固有週期較長的建物，其振動特性係數 R_t 較小，地震力會折減。也就是說，搖晃速度快的地震，與搖晃速度緩慢的建物，兩者之間的振動難以配合。

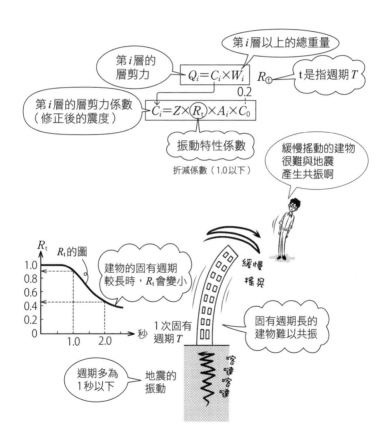

● 鐘擺的週期是由長度決定，不管搖晃幅度（振幅）如何，週期都是固定的。若為 1 秒往復，該鐘擺的週期就是 1 秒，不管搖晃程度大或小都一樣。這是鐘擺本來就有的特有週期，也就是固有週期的意思。建物和鐘擺一樣具有固有的週期。

Q 1次固有週期、2次固有週期、3次固有週期是什麼？

▼

A 如下圖，有多個質點的模型，依振動方式不同而改變的週期。

可以各自移動的質點越多，週期就會越短。3個質點的3次固有週期，是最短週期的振動方式。求取振動特性係數 R_t、高度方向的分布係數 A_i 時，要使用最長的1次固有週期。

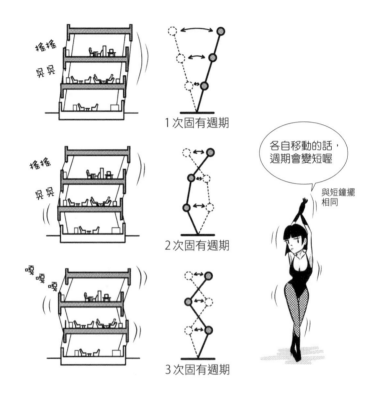

搖搖晃晃

1次固有週期

各自移動的話，週期會變短喔

與短鐘擺相同

搖搖晃晃

2次固有週期

3次固有週期

- 質量集中在一處的模型，只會有一個固有週期；若是有多個質量，就會有相同數量的固有週期。1次固有週期、2次固有週期、3次固有週期等，隨著次數增加，週期會越短。一棟建物會有數個固有週期。利用1次固有週期可以求得 R_t。
- 建物週期與地面震動週期相近時，會產生共振現象。地面以長週期搖晃時，可以對應到1次固有週期的搖晃，短週期的話就是2次、3次固有週期的搖晃。
- 一般來說，中低層的1次固有週期在0.5秒以下，四十至五十層樓的超高層建物的1次固有週期是4～5秒左右。

Q 卓越週期是什麼？

▼

A 在地盤搖晃的週期中，最主要的週期。

地盤搖晃時，會混雜許多不同的週期，其中最強、最顯著的週期就是卓越週期（predominant period，亦稱顯著週期），也就是地盤的固有週期。卓越週期與建物的固有週期一致時，建物會因為共振而產生大幅度的搖晃。最重要的是不要讓建物的固有週期與地盤的卓越週期一致。

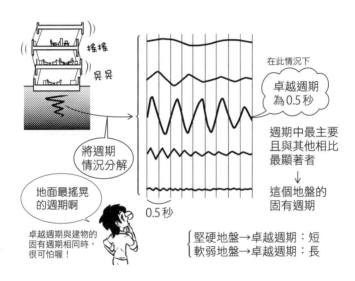

- 卓越週期是以堅硬地盤較短、軟弱地盤較長。
- 高架水槽或塔屋等屋頂突出物的固有週期，若與建物本體的固有週期一致，也會因為共振而產生大幅度搖晃。要注意不要讓屋頂突出物的固有週期與建物的固有週期一致。可以反過來藉由調整水槽的水量，錯開週期，抑制建物的搖晃程度。

Q 高度 h（m）的建物，其 1 次固有週期 T 是多少？

▼

A RC造為 0.02h（秒），S造或木造為 0.03h（秒）。

由於S造、木造較柔軟，週期會較長。若是RC造與S造混合的結構，週期為 $T = h \times (0.02 + 0.01 \times \alpha)$，其中 α 為S造、木造的樓層高度與整體高度 h 的比。公式中結合了RC造的 0.02h 與S造的 0.03h。

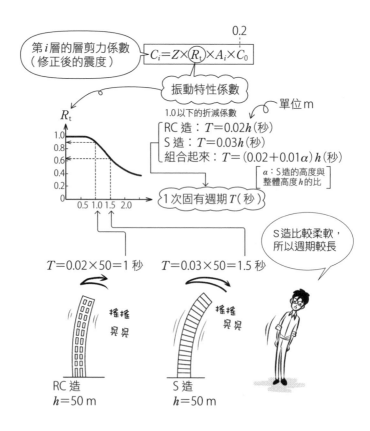

第 i 層的層剪力係數
（修正後的震度）

$$C_i = Z \times R_t \times A_i \times C_0$$

0.2

振動特性係數

單位 m

1.0以下的折減係數
RC 造：$T = 0.02h$（秒）
S 造：$T = 0.03h$（秒）
組合起來：$T = (0.02 + 0.01\alpha)\,h$（秒）

α：S造的高度與整體高度 h 的比

R_t

1次固有週期 T（秒）

$T = 0.02 \times 50 = 1$ 秒　　　$T = 0.03 \times 50 = 1.5$ 秒

S造比較柔軟，所以週期較長

搖搖晃晃

搖搖晃晃

RC 造
$h = 50$ m

S 造
$h = 50$ m

● 乘上 0.02、0.03 後，10m 會變成 0.2 秒、0.3 秒，R_t 的圖從 1 開始，幾乎是與低層建物沒有關係的折減係數。

Q 地盤較硬時，振動特性係數 R_t 會如何變化？

▼

A 會變小。

◆ 依據硬質地盤為第1種、普通地盤為第2種、軟弱地盤為第3種，將圖解分成三段。**岩盤**、**硬盤**、**密實的卵礫石層**等堅硬地盤，地震的振動較小，而**泥土**、**腐質土**（humus）之類的軟弱地盤，振動的幅度會增加。

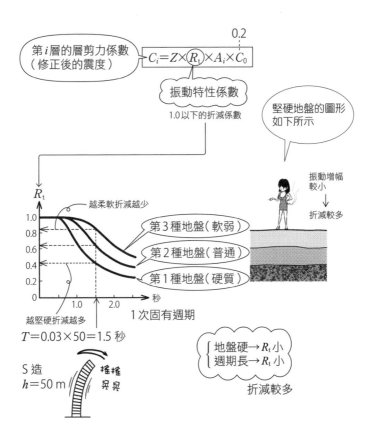

第 i 層的層剪力係數（修正後的震度）
$C_i = Z \times R_t \times A_i \times C_0$ 0.2

振動特性係數

1.0以下的折減係數

堅硬地盤的圖形如下所示

振動增幅較小

折減較多

越柔軟折減越少

第3種地盤（軟弱）
第2種地盤（普通）
第1種地盤（硬質）

1次固有週期

越堅硬折減越多

$T = 0.03 \times 50 = 1.5$ 秒

S造
$h = 50$ m 搖搖晃晃

地盤硬 → R_t 小
週期長 → R_t 小

折減較多

● 越堅硬或週期越長，都會使 R_t 變小，折減地震力的影響。

Q 分布係數 A_i 是什麼？

▼

A 地震層剪力係數 C_i 中隨著高度方向分布的增幅係數。

■ 建物若是越高越軟，效果就像揮動鞭子一樣，振動會較大。1樓的 A_i 為 1.0，越往上層越柔軟，數值就會越大。依據 A_i，地震加速度、震度會隨之增加。

Q_i、C_i、W_i、A_i

i 是指樓層

第 i 層以上的總重量

第 i 層的層剪力　$Q_i = C_i \times W_i$

第 i 層的層剪力係數（修正後的震度）　$C_i = Z \times R_t \times \boxed{A_i} \times C_0$　0.2

高度方向的分布係數

大於1.0的增幅係數

效果就像揮鞭子喔！

越高越軟就越大啊

增幅

啪

越高→震度大
越軟→震度大

- A_i 的 i 與 Q_i、C_i、W_i 的 i 一樣，都是指第 i 層的意思，數值隨層數改變。
- 幾乎所有中低層建物的 Z 都是 1，大部分的 R_t 也是 1，因此是由 $A_i \times C_0$ 決定 C_i。

Q 決定分布係數 A_i 的係數是什麼？

A $\alpha_i=\dfrac{\text{第}i\text{層以上的總重量}}{\text{地上的總重量}}$ 與 1 次固有週期 T。

A_i 圖的縱軸為 α_i，橫軸為 A_i，依據 T 而產生不同的曲線。越往上層（建物越高），T 越長（越柔軟），會使地震的加速度增幅。若是 1 樓，週期皆為 1.0。

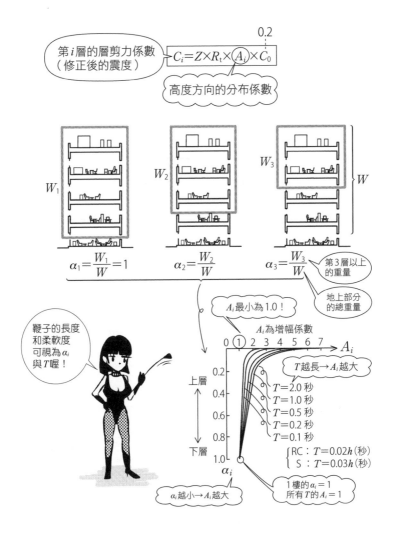

第 i 層的層剪力係數（修正後的震度）　$C_i=Z\times R_t\times(A_i)\times C_0$ ← 0.2

高度方向的分布係數

$\alpha_1=\dfrac{W_1}{W}=1$　　$\alpha_2=\dfrac{W_2}{W}$　　$\alpha_3=\dfrac{W_3}{W}$

第 3 層以上的重量

地上部分的總重量

A_i 最小為 1.0！

鞭子的長度和柔軟度可視為 α_i 與 T 喔！

A_i 為增幅係數

T 越長 → A_i 越大

$T=2.0$ 秒
$T=1.0$ 秒
$T=0.5$ 秒
$T=0.2$ 秒
$T=0.1$ 秒

$\begin{cases} \text{RC}：T=0.02h\,(\text{秒}) \\ \text{S}：T=0.03h\,(\text{秒}) \end{cases}$

1 樓的 $a_i=1$
所有 T 的 $A_i=1$

α_i 越小 → A_i 越大

上層　下層　α_i

Q 東京的低層RC造，其第 i 層的層剪力係數 C_i 是多少？

▼

A 大多是 $C_i = A_i \times C_0$。

東京位於 $Z = 1$ 的區域，而低層的振動特性係數多為 $R_t = 1$，因此幾乎是由分布係數 A_i 來決定。標準剪力係數（≒標準震度）若為 $C_0 = 0.2$，則 $C_i = 0.2A_i$。

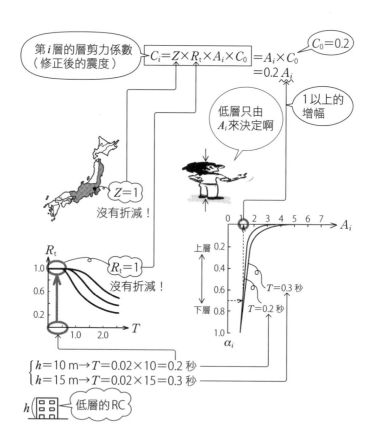

Q 地面下的水平震度 k 是多少？

A $k \geqq 0.1\left(1 - \dfrac{H}{40}\right)Z$（$H$：地盤面以下的深度。超過20m，以 $H = 20$ 計）。

Z 為地震地域係數，與地面部分相同，依地區不同而折減。將此震度配合地面下部分的重量，就能得出地面下部分所受的地震力。

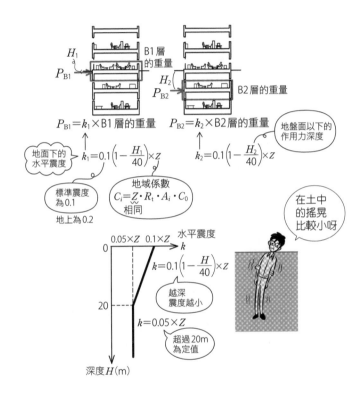

$P_{B1} = k_1 \times$ B1 層的重量　$P_{B2} = k_2 \times$ B2 層的重量

地盤面以下的作用力深度

地面下的水平震度　$k_1 = 0.1\left(1 - \dfrac{H_1}{40}\right) \times Z$　　$k_2 = 0.1\left(1 - \dfrac{H_2}{40}\right) \times Z$

標準震度為0.1
地上為0.2

地域係數
$C_i = Z \cdot R_t \cdot A_i \cdot C_0$
相同

在土中的搖晃比較小呀

水平震度

$0.05 \times Z$　$0.1 \times Z$

$k = 0.1\left(1 - \dfrac{H}{40}\right) \times Z$

越深震度越小

$k = 0.05 \times Z$

超過20m為定值

深度 H(m)

● 地震波在地盤面的搖晃度最大，越往地面下越小。因為振動的能量會從境界面釋放出來。在地下較深的地方，建物會與地盤一起搖動，但不會像地上層一樣有揮鞭子的增幅效果，也沒有增幅係數 A_i。

Q 作用在地下 I 層的柱的剪力合計（層剪力）是多少？

▼

A 地上 I 層的層剪力 Q_1 ＋ k_1 × 地下 I 層的重量（k_1：地下 I 層的水平震度）。

水平震度 × 重量，是只有作用在該部分的水平力而已。加上上方作用力合計而得的水平力，都是由地面下的柱抵抗，兩者一定要互相平衡。

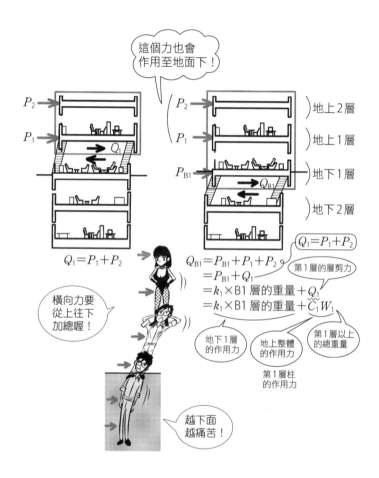

這個力也會作用至地面下！

P_2　P_1　Q_1

P_2　P_1　P_{B1}　Q_{B1}

地上 2 層
地上 1 層
地下 1 層
地下 2 層

$Q_1 = P_1 + P_2$

$Q_{B1} = P_{B1} + P_1 + P_2$
$\quad = P_{B1} + Q_1$
$\quad = k_1 × B1 層的重量 + Q_1$
$\quad = k_1 × B1 層的重量 + C_1 W_1$

$Q_1 = P_1 + P_2$

第 1 層的層剪力

橫向力要從上往下加總喔！

地下 1 層的作用力　　地上整體的作用力　　第 1 層以上的總重量

第 1 層柱的作用力

越下面越痛苦！

• 不管是地上或地下，層剪力 Q 都是該層以上的水平力合計。地下的柱也會受到地上橫向力的影響。

Q 1. 地上2層的層剪力Q_2的計算公式為何？
　　2. 地下1層的層剪力Q_{B1}的計算公式為何？

▼

A 1. $Q_2 = C_2 \times W_2 = (Z \cdot R_t \cdot A_2 \cdot C_0) \times W_2$。
　　2. $Q_{B1} = k_{B1} \times W_{B1} + Q_1 = k_{B1} \times W_{B1} + (Z \cdot R_t \cdot A_1 \cdot C_0) \times W_1$。

再次將求取層剪力的公式記下來吧。要注意W_2不是第2層的重量，而是第2層以上全部的重量。另外，地下的層剪力也要加上地上1層的層剪力Q_1，再重新確認一次這些重點吧。

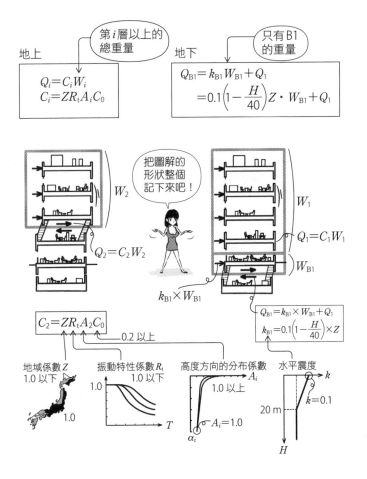

Q 作用在屋頂的塔屋、水槽、煙囪上的水平震度k是多少？

▼

A 1.0Z（Z：地域係數）。

建物本體是0.2乘上修正後的震度（層剪力係數），屋頂則是取1.0。1G
的加速度作用，表示計算上有與塔屋相同重量的橫向力在作用。

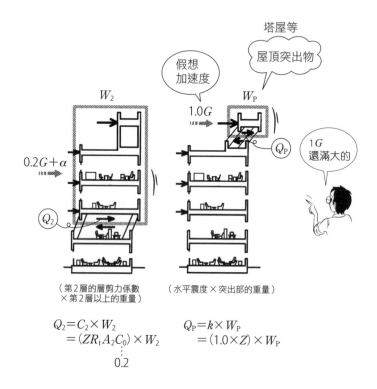

$$Q_2 = C_2 \times W_2$$
$$= (ZR_tA_2C_0) \times W_2$$
$$\underset{0.2}{\vdots}$$

$$Q_P = k \times W_P$$
$$= (1.0 \times Z) \times W_P$$

（第2層的層剪力係數　　　　（水平震度×突出部的重量）
　×第2層以上的重量）

- 正確來說，塔屋、水槽、煙囪的前面要加上「地上層數4以上，或是高度超過
  20m的建物，屋頂超過2m者為突出」的狀況。屋頂有突出物使搖晃增幅，因
  此震度1.0是相當大，位於保守側的設定。
- 作用在突出外牆的屋外樓梯上的地震力，其水平震度也是以1.0Z來計算。

Q 因應長期產生的應力會有什麼樣的組合變化？

▼

A 一般區域為 $G+P$，多雪區域為 $G+P+0.7S$。
（G：固定荷重產生的應力，P：承載荷重產生的應力，S：積雪荷重產生的應力）

垂直荷重產生的應力一般都是長期作用。多雪區域則是在下雪的季節裡，將長期荷重加上 $0.7S$，來進行應力計算。求得長期應力的順序為先求得長期荷重→再計算長期應力。

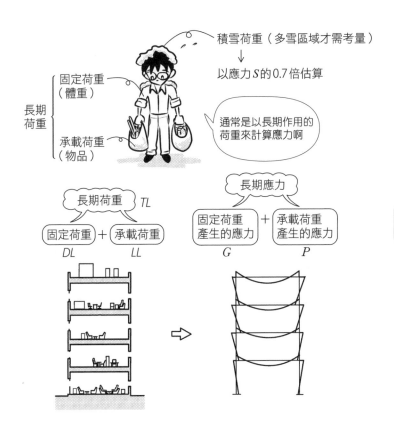

積雪荷重（多雪區域才需考量）
↓
以應力 S 的 0.7 倍估算

固定荷重
（體重）

長期荷重

承載荷重
（物品）

通常是以長期作用的荷重來計算應力啊

長期荷重　TL

固定荷重 + 承載荷重
DL　　　　LL

長期應力

固定荷重產生的應力 + 承載荷重產生的應力
G　　　　　　　P

11

結構計算

Q 一般區域因應短期產生的應力會有什麼樣的組合變化？

▼

A 積雪時為 $G+P+S$，暴風時為 $G+P+W$，地震時為 $G+P+K$。
（G：固定荷重產生的應力，P：承載荷重產生的應力，S：積雪荷重產生的應力，W：風壓力產生的應力，K：地震力產生的應力）

垂直荷重產生的應力一般都是長期作用。多雪區域則是在下雪的季節裡，將長期荷重加上 $0.7S$，來進行應力計算。長期荷重產生的應力 $G+P$，會加上短期荷重產生的應力 S、W、K。

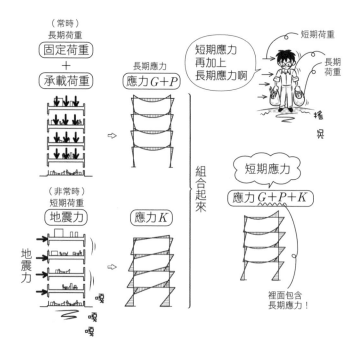

- 對於非常時作用的短期荷重，要檢討建物內部有多少應力。此時要注意還得加上長期的垂直荷重。固定荷重與承載荷重一般都是長期作用。不管是積雪時、暴風時或地震時都一樣作用。先計算短期的非經常性應力，與垂直荷重的應力組合起來，就可以求得短期應力。

Q 多雪區域因應短期產生的應力會有什麼樣的組合變化？

▼

A 積雪時為 $G+P+S$，暴風時為 $G+P+W$、$G+P+W+0.35S$（兩方檢討），地震時為 $G+P+0.35S+K$。
（G：固定荷重產生的應力，P：承載荷重產生的應力，S：積雪荷重產生的應力，W：風壓力產生的應力，K：地震力產生的應力）

暴風時，在沒有積雪的狀況下，容易造成建物傾倒或柱連根拔起。因此，必須檢討有積雪和沒有積雪兩種狀況。積雪＋暴風、積雪＋地震的情況下，S 要乘上 0.7 的一半 0.35。

	外力狀態	一般區域	多雪區域
長期產生的應力	常時	$G+P$	$G+P$
	積雪時		$G+P+0.7S$
短期產生的應力	積雪時	$G+P+S$	$G+P+S$
	暴風時	$G+P+W$	$G+P+W$
			$G+P+0.35S+W$
	地震時	$G+P+K$	$G+P+0.35S+K$

兩種狀況！

雪產生的應力估算為 0.35S

檢討沒有積雪時的應力狀況

$G+P+W$　　　　　$G+P+0.35S+W$

暴風時

有積雪的話不容易傾倒，比較安全！

Q Ⅰ次設計是什麼？

▼

A 容許應力的計算。

遭逢偶爾（十年一次）發生的中小規模的積雪、颱風、地震（震度5左右）等外力作用時，能讓建物不受損傷（不會破壞）的設計。求出荷重，計算應力，各斷面的應力都要在容許應力以下。

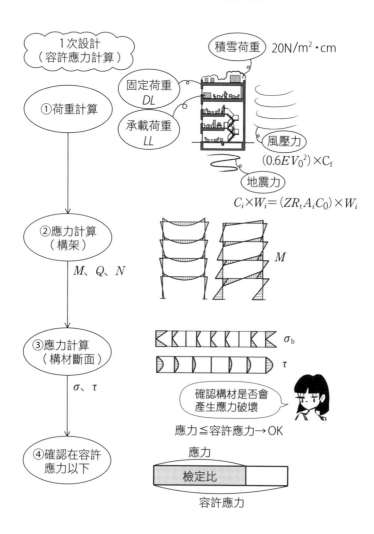

Q 2次設計是什麼？

▼

A（路徑2）層間位移角→剛性模數、偏心率的計算，（路徑3）層間位移角→極限水平承載力的計算。

在極少（一百年一次）發生的大地震（震度7以上）的外力作用下，建物不會傾倒、崩壞，可以確保生命安全的設計。要檢討平行四邊形的變形、硬度的平衡、大地震的層剪力等。建物雖然會變形至不可使用的狀態，但仍能保護生命安全的設計方式。

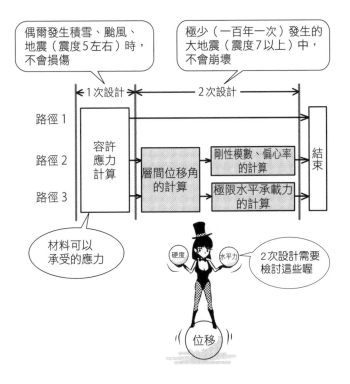

• 路徑1只適用於低層的小規模建物。31m以下，用路徑2或路徑3計算都OK。超過31m、60m以下的建物用路徑3。分界點的數字31m，是從前100尺（建物高度禁止超過100尺）所留下的規定，還有緊急用電梯（建物超過31m就需要設置：日本建築基準法34條）所留下的規定。

Q 層間位移角是什麼？

A $\dfrac{層間變位}{樓高}$ ▼ 。

■ 層間位移角 γ（gamma）的角度很小時，$\gamma \fallingdotseq \tan\gamma = \dfrac{\delta}{h}$。各層的層間位移角規定為 1/200。

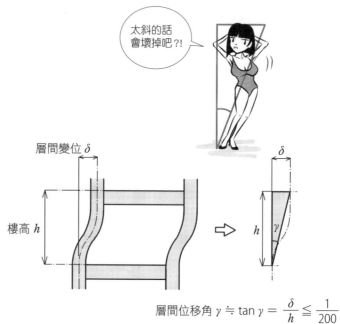

太斜的話會壞掉吧?!

層間變位 δ

樓高 h

$$層間位移角\ \gamma \fallingdotseq \tan\gamma = \frac{\delta}{h} \leqq \frac{1}{200}$$

● 相較於結構體本身，裝設在結構體上的裝飾材，更容易隨著搖晃而掉落、損傷，因此有預防的相關規定。在帷幕牆（curtain wall：不承擔重量的牆）、內外裝飾材、各種設備產生顯著的損壞之前，可以容許層間位移為 1/120，作為破壞前的緩衝。
● 柱的高度不是節點之間的距離，而是使用上下樓的地板間隔＝樓高。通常下層的梁高較大，梁中心間的高度會比樓高來得大，層間位移角就變小（危險側）。

Q 剛性模數 R_s 是什麼？

▼

A 高度方向的剛性比。

堅硬程度 r 以層間位移角 γ 的倒數表示，平均值為 $\bar{r}$，則 i 層的硬度 r_i 與平均值 $\bar{r}$ 的比，即 $\dfrac{r_i}{\bar{r}}$，就是其剛性模數。依規定剛性模數要在 0.6 以上。高度方向的硬度比維持在一定值以上，就算某部分的樓層較柔軟，也不會發生往該方向破壞的情況。

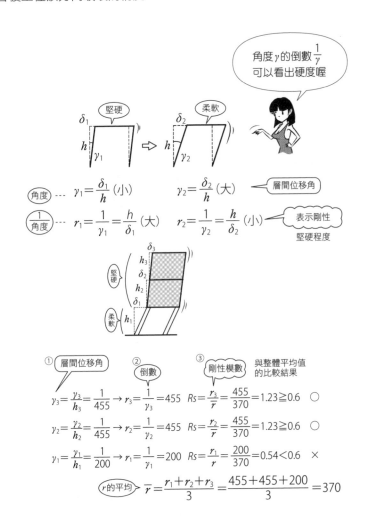

角度 γ 的倒數 $\dfrac{1}{\gamma}$ 可以看出硬度喔

| 堅硬 | 柔軟 |

角度 ··· $\gamma_1 = \dfrac{\delta_1}{h}$ （小）　　$\gamma_2 = \dfrac{\delta_2}{h}$ （大）　　層間位移角

$\dfrac{1}{\text{角度}}$ ··· $r_1 = \dfrac{1}{\gamma_1} = \dfrac{h}{\delta_1}$ （大）　　$r_2 = \dfrac{1}{\gamma_2} = \dfrac{h}{\delta_2}$ （小）　　表示剛性　堅硬程度

① 層間位移角　② 倒數　③ 剛性模數　與整體平均值的比較結果

$\gamma_3 = \dfrac{\gamma_3}{h_3} = \dfrac{1}{455} \to r_3 = \dfrac{1}{\gamma_3} = 455$　$Rs = \dfrac{r_3}{\bar{r}} = \dfrac{455}{370} = 1.23 \geqq 0.6$　○

$\gamma_2 = \dfrac{\gamma_2}{h_2} = \dfrac{1}{455} \to r_2 = \dfrac{1}{\gamma_2} = 455$　$Rs = \dfrac{r_2}{\bar{r}} = \dfrac{455}{370} = 1.23 \geqq 0.6$　○

$\gamma_1 = \dfrac{\gamma_1}{h_1} = \dfrac{1}{200} \to r_1 = \dfrac{1}{\gamma_1} = 200$　$Rs = \dfrac{r_1}{\bar{r}} = \dfrac{200}{370} = 0.54 < 0.6$　×

r 的平均　$\bar{r} = \dfrac{r_1 + r_2 + r_3}{3} = \dfrac{455 + 455 + 200}{3} = 370$

Q 偏心率 R_e 是什麼？

▼

A 可以看出平面硬度均衡度的係數。

力會作用在重心，**扭轉振動**（torsional vibration）會以作為硬度中心的
剛心（center of rigidity）為中心進行轉動。當重心與剛心非重合時，剛
心的四周會有相當大的力矩作用，引起扭轉振動。偏心率＝$\dfrac{偏心距離}{彈力半徑}$，
此係數依規定要在0.15以下。

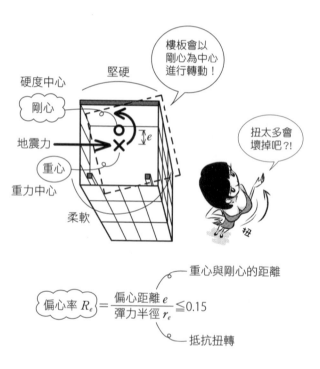

● 為了讓剛心接近重心，可將耐震壁、斜撐等均衡配置。另外，為了防止平面的扭
轉、轉動，與其將耐震壁和斜撐設置在中央部分，不如設在周邊部分效果更好。

Q 高寬比是什麼？

▼

A $\frac{高度\,H}{寬度\,D}$。

指建物呈現塔狀的程度、細長度。路徑2（參見R306）的高寬比在4以下。路徑3在高寬比超過4的情況下，要計算基樁的壓力與拉力的極限支撐力，以確認建物不會傾倒。

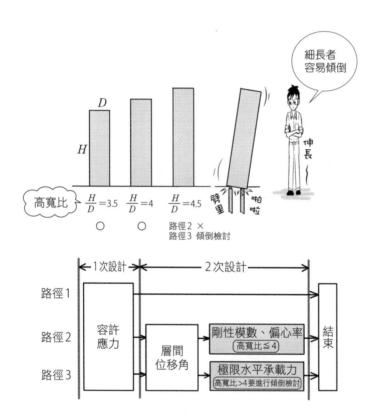

Q 極限水平承載力 Q_u 是什麼？

▼

A 建物所能承受的最大限度層剪力。

極限水平承載力（horizontal load bearing capacity）可以由各層的柱、承重牆、斜撐所負擔的水平剪力的總和求得。法律規定極限水平承載力必須在一定數值以上，稱為「必要」極限水平承載力。

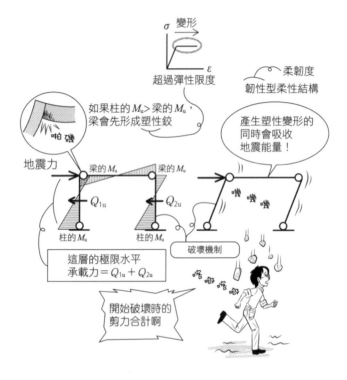

- 建物整體或一部分達到破壞機制（decay mechanism）的時間，可從各個塑性鉸（降伏鉸）的極限彎矩 M_u、全塑性彎矩 M_p 等計算而得。即該層於「極限」時的「水平」方向「承載力」。
- 計算容許應力時，各構材於彈性範圍內維持一定的應力以下，為「強度型剛性結構」。另一方面，極限水平承載力則是超過彈性區域，不過在塑性區域中的變形會吸收能量，為可以抵抗崩壞的「韌性型柔性結構」。路徑 2 的最後會分成 2－1、2－2、2－3 等路徑，前兩個為強度型，最後一個為韌性型。結構計算的路徑就是從強度型、韌性型兩者的組合考量而來。

Q 法律訂定的極限水平承載力最大值、必要極限水平承載力 Q_{un} 要如何進行計算？

▼

A $Q_{un} = D_s \cdot F_{es} \cdot Q_{ud}$。
（D_s：結構特性係數，F_{es}：形狀係數，Q_{ud}：標準剪力係數 C_0 在 1.0 以上計算而得的地震力〔層剪力〕）。

D_s 是考量韌性（柔韌度）、衰減性（吸收振動）的折減係數。F_{es} 是對應於剛性模數、偏心率的增幅係數。標準剪力係數 C_0 為 1 時，表示水平震度為 1、地震加速度為 $1G$，也就是有與建物相同重量的橫向力在作用。將 C_0 配合地域係數 Z、振動特性係數 R_t、增幅係數 A_i，進行震度的修正後，再乘上重量 W_i，就可以得到層剪力了。

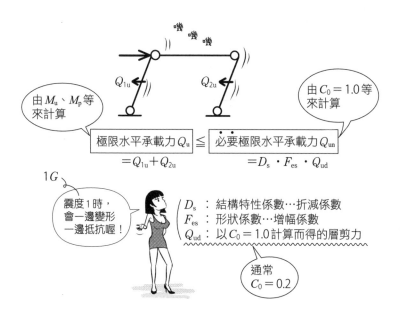

由 M_u、M_p 等來計算

由 $C_0 = 1.0$ 等來計算

極限水平承載力 $Q_u \leqq$ 必要極限水平承載力 Q_{un}

$= Q_{1u} + Q_{2u}$　　$= D_s \cdot F_{es} \cdot Q_{ud}$

$1G$

震度 1 時，會一邊變形一邊抵抗喔！

D_s ： 結構特性係數…折減係數
F_{es} ： 形狀係數…增幅係數
Q_{ud} ： 以 $C_0 = 1.0$ 計算而得的層剪力

通常 $C_0 = 0.2$

Q 臨界承載力計算是什麼？

A 使用安全界限時的層剪力與變形、發生大地震時所產生的加速度等，確認耐震性能的計算法。

◆ 當不超過大地震時的「安全界限」，不需要經過振動解析就能確認的方法。

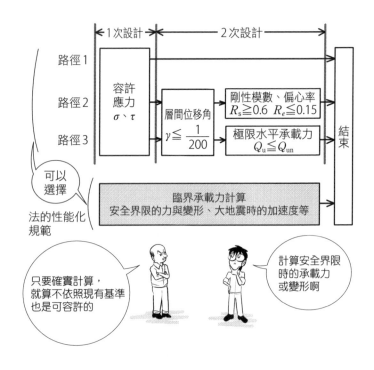

● 日本在2000年修正的建築基準法中導入性能規範，使用可以直接計算力與變形的臨界承載力計算，變成可自行選擇計算路徑。相對於需要特別進行高度驗證法的歷時反應分析，臨界承載力計算是較一般化的驗證法。

Q 歷時反應分析是什麼？

▼

A 輸入地震波的資料等，確認建物每一個時刻的歷時反應，藉以確知結構體是否能夠承受的解析法。

只要將實物大的模型放置在振動台上搖晃，一定不會出錯，但這樣成本太高，大型建物無法採用這種方式。這時可以利用電腦模擬，輸入地震波的數位資料進行搖晃，透過時間順序記錄建物反應，這種解析法就是歷時反應分析（time-history response analysis）。

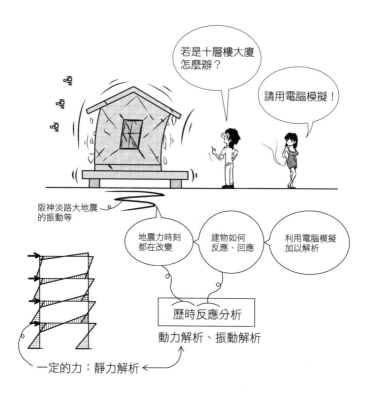

- 由專門的結構解析小組與結構設計小組共同合作進行的特別驗證法。常用在超過60m的超高層建築物解析等。
- 考量承受無變化、一定力作用的內部應力，為靜力解析；加入隨著時間變化的力，考量其反應，為動力解析、振動解析。由於電腦的進步，瞬間即可處理大量計算，才能進行動力解析。

國家圖書館出版品預行編目資料

圖解建築結構入門：一次精通建築結構的基本知識、原理和應用
／原口秀昭著；陳曄亭譯.--二版.--臺北市：臉譜, 城邦文化出版：
家庭傳媒城邦分公司發行, 2024.01
　面；　公分. --（藝術叢書；FI1033X）
譯自：ゼロからはじめる　建築の「構造」入門

ISBN 978-626-315-410-0（平裝）

1. 結構工程 2.結構力學

441.21　　　　　　　　　　　　　　　　112018822

藝術叢書 FI1033X

圖解建築結構入門
一次精通建築結構的基本知識、原理和應用

作　　　者　原口秀昭
譯　　　者　陳曄亭
副 總 編 輯　劉麗真
主　　　編　陳逸瑛、顧立平
美 術 設 計　陳文德

發 　行　 人　涂玉雲
出　　　版　臉譜出版
　　　　　　城邦文化事業股份有限公司
　　　　　　台北市中山區民生東路二段141號5樓
　　　　　　電話：886-2-25007696　傳真：886-2-25001952
發　　　行　英屬蓋曼群島商家庭傳媒股份有限公司城邦分公司
　　　　　　台北市中山區民生東路二段141號11樓
　　　　　　客服服務專線：886-2-25007718；25007719
　　　　　　24小時傳真專線：886-2-25001990；25001991
　　　　　　服務時間：週一至週五上午09:30-12:00；下午13:30-17:00
　　　　　　劃撥帳號：19863813　戶名：書虫股份有限公司
　　　　　　讀者服務信箱：service@readingclub.com.tw
香港發行所　城邦（香港）出版集團有限公司
　　　　　　香港灣仔駱克道193號東超商業中心1樓
　　　　　　電話：852-25086231　傳真：852-25789337
　　　　　　E-mail：hkcite@biznetvigator.com
馬新發行所　城邦（馬新）出版集團 Cité (M) Sdn Bhd
　　　　　　41, Jalan Radin Anum, Bandar Baru Sri Petaling, 57000 Kuala Lumpur, Malaysia
　　　　　　電話：603-90578822　傳真：603-90576622
　　　　　　E-mail: cite@cite.com.my

二 版 一 刷　2024 年 1 月

城邦讀書花園
www.cite.com.tw